Horstmann Das Untier

Medusa

Ulrich Horstmann

DAS UNTIER

Konturen einer Philosophie
der Menschenflucht

Medusa

Umschlaggestaltung: Birgit Jürgenssen
Satz: Philipp Hümmer KG, Waldbüttelbrunn
Druck und Bindung: Druckerei Manz, Wien
Printed in Austria
ISBN: 3-88602-075-4

GEWIDMET
DEM UNGEBORENEN
UND JENEN YAHOOS
DIE WISSENSCHAFT VON SATIRE
WOHL ZU UNTERSCHEIDEN VERMÖGEN

Der Philosophie spotten
heißt wahrhaft philosophieren.
Pascal

I

Die Apokalypse steht ins Haus. Wir Untiere wissen es längst, und wir wissen es alle. Hinter dem Parteiengezänk, den Auf- und Abrüstungsdebatten, den Militärparaden und Anti-Kriegsmärschen, hinter der Fassade des Friedenswillens und der endlosen Waffenstillstände gibt es eine heimliche Übereinkunft, ein unausgesprochenes großes Einverständnis: daß wir ein Ende machen müssen mit uns und unseresgleichen, so bald und so gründlich wie möglich – ohne Pardon, ohne Skrupel und ohne Überlebende.

Was sonst trüge das, was das Untier »Weltgeschichte« nennt, wenn nicht die Hoffnung auf die Katastrophe, den Untergang, das Auslöschen der Spuren. Wer könnte eine sich Jahrtausend und Jahrtausend fortsetzende Litanei des Hauens, Stechens, Spießens, Hackens, die Monotonie des Schlachtens und Schädelspaltens, das Om mani padmehum der Greuel ertragen, ja seinerseits nach Kräften befördern, der nicht zugleich in der Heimlichkeit seiner Vernunft gewiß wäre, daß diese rastlosen Übungen ihn und seine Gattung Gemetzel um Gemetzel, Schlacht um Schlacht, Feldzug um Feldzug, Weltkrieg um Weltkrieg unaufhaltsam jenem letzten Massaker, jenem globalen Harmageddon näherbringen, mit dem das Untier seinen Schlußstrich setzt unter die atemlose Aufrechnung sich fort- und fortzeugenden Leids.

In den Parlamenten brüten die Tauben, und die Falken auf der Empore spreizen die Fänge. Wer hörte nicht aus ihren Beteuerungen, sie rüsteten für die Sicherung des Taubenfriedens, die altvertraute Wahrheit, daß sie den Frieden taubrüsten; wer nickte nicht unmerklich der Richtigstellung eines Zarathustra:

> Ihr sagt, die gute Sache sei es, die sogar den Krieg heilige? Ich sage euch: der gute Krieg ist es, der jede Sache heiligt (Nietzsche 1967 I: 575).

So ist das Untier endlich der Ammenmärchen, der Utopien, paradiesischen Visionen und Heilsgeschichten überdrüssig geworden und *hat sich ermannt, dem Unausweichlichen ins Gesicht zu sehen. Trost spendet jetzt die Nähe des Unheils, die Gewißheit, daß die Äonen des Ausharrens, der Vorbereitung, der rastlosen Vervollkommnung sich neigen und der Lohn ansteht: das Ausleiden, das Ausgelittenhaben.*

Der wahre Garten Eden – das ist die Öde. Das Ziel der Geschichte – das ist das verwitternde Ruinenfeld. Der Sinn – das ist der durch die Augenhöhlen unter das Schädeldach geblasene, rieselnde Sand.

Solche Sätze wirken anrüchig und anmaßend. Anrüchig, weil sie sich das Recht nehmen, das Untier als Untier zu bezeichnen und den Euphemismus »Mensch« zu boykottieren. Anmaßend, weil sie damit selbstverständliche Gattungsloyalität aufkündigen und die Pferche des gesunden Menschenverstandes und seines ebenso gesunden Optimismus verlassen.

Trotzdem verdanken sie sich vernünftiger Einsicht, wenn es auch eine exzentrische und nicht hoffähige, eine residuelle und verteufelte Vernunft ist, die hier zu Worte kommt. Ihr Gehör zu verschaffen ist Anliegen der folgenden Darstellung, die damit zugleich zur Streitschrift wird, zum Plädoyer für eine neue Philosophie, die sich vom archimedischen Punkt des Humanen freimacht und nicht in vergeblichen Anläufen den Menschen zu Ende, sondern ganz elementar das Ende des Menschen denkt. Eigenheit und Träger dieser zunächst befremdlichen Reflexionsform, die gleichwohl als eine Art Trojanisches Pferd schon immer in den Köpfen der Untiere existiert, ist das, was wir künftig als *anthropofugale Perspektive*, als Blickwinkel einer spekulativen Menschenflucht bezeichnen wollen. Gemeint ist damit ein Auf-Distanz-Gehen des Untiers zu sich selbst und seiner Geschichte, ein unparteiisches Zusehen, ein Aussetzen des scheinbar universalen Sympathiegebotes mit der Gattung, der der Nachdenkende selbst angehört, ein Kappen der affektiven Bindungen.

Zur Veranschaulichung dieser Geisteshaltung eignet sich am ehesten das Bild einer Raumkapsel, die in immer weiteren Ellipsen um die Erde kreist, um sich eines Tages ganz von ihr zu lösen und in den

Tiefen des Raumes zu verschwinden. Nehmen wir an, der sich an Bord befindende Raumfahrer kennte diese seine Flugbahn, die ihm die Rückkehr unmöglich macht, genau – dann wäre es eben sein unverwandter Blick auf den Planeten, sein rettungsloser und illusionszerstörender Abstand, das Zerfallen der unbrauchbar gewordenen Wahrnehmungs- und Vertrautheitsmuster, kurz, jener lange, schmerzliche und doch ungemein erkenntnisreiche Abschied, den er mit dem anthropofugalen Philosophen teilte. Auch der nämlich hat Fluchtgeschwindigkeit erreicht – nun aber freilich keine physikalische, sonder eine intellektuelle. Wie sich der Astronaut aus dem Schwerefeld der Erde löst, so ist es jenem gelungen, der Gravitation des Humanismus, d.h. jener ideologischen Einflußsphäre und Kraft zu entkommen, die die Untiere nach wie vor mit beiden Beinen auf dem Boden der Tatsachen hält und ihnen den Blick über den Horizont verwehrt.

Die Modernität der astronautischen Metapher darf allerdings nicht vergessen machen, daß das anthropofugale Denken, das Absehenkönnen der Untiere von sich selbst, sehr viel älter ist als Satelliten und die bemannte Eroberung des erdnahen Raumes, vielmehr im Grunde ein Gattungserbe darstellt, das sich in der Phase der Hominisation zusammen mit Problemlösungsintelligenz und pragmatischer Verständigkeit entwickelt haben dürfte. Bekanntlich sind direkte Spuren dieses Evolutionsstadiums selten und seine ideologischen Konstrukte im Gegensatz zu Faustkeilen und Speerspitzen unwiederbringlich dahin. Aber noch in den Mythen der sogenannten »Primitiven« und den Religionen früher Hochkulturen ist die Desorientierung, das existenzielle Fremd- und Deplaciertheitsgefühl deutlich spürbar, das die Untiere seit Beginn ihrer Gattungsgeschichte begleitet.

II

Das Untier war sich von vornherein nicht selbstverständlich, und es vermochte sich in einer Urform anthropofugaler Weltwahrnehmung eben diese Welt sehr wohl ohne sich selbst vorzustellen. Charakteristisch schon die Unzahl der Schöpfungsmythen, in denen bei der Menschenherstellung durch die Götter schlicht von Pfusch und Ausschuß die Rede ist. Da versuchen es die Demiurgen mit Stein, Holz, Erde, Wachs, Schilfrohr – und das Resultat ist von immer der gleichen Erbärmlichkeit: das Wachs schmilzt in der Sonne, die aus Holz gefertigten Prototypen stehlen sich eiligst in eine bessere Welt davon, in der ewiges Leben auf sie wartet, die aus Felsgestein scheren sich keinen Deut um den Verhaltenskodex ihres Schöpfers und so fort (vgl. Grimal 1967 III: 205ff.). Die konstitutiven Mängel, die das Untier so bei sich entdeckt und verschlagen dem Göttlichen inkriminiert, erklären auch die sehr frühe, bisweilen manische Beschäftigung mit der Welt-Katastrophe und dem eigenen Untergang, der als Lohn der Sünde, als Strafgericht und Vergeltung, also als etwas durchaus Einsichtiges und in seiner Folgerichtigkeit und Berechtigung Nachvollziehbares begriffen wird.

Daß es besser wäre, wenn es nicht wäre, hat sich das Untier immer schon auf die ein oder andere Weise eingestanden. Retrospektiv und mit der Erleichterung des Noch-einmal-Davongekommenen in der Geschichte von der Großen Flut, die sich im Gilgamesch-Epos ebenso findet wie im Alten Testament oder in griechischen, chinesischen, australischen und ozeanischen Überlieferungen; vorausschauend und ohne diesen Trost in grandiosen Kataklysmusphantasien wie der im abendländisch-christlichen Kulturkreis wohlbekannten Offenbarung Johannis oder ihrem germanischen Analogon, der Götterdämmerung der nordischen Mythologie, die die *Edda* mit apokalyptischer Wucht und der für das Untier so bezeichnenden Lust am Untergang ausmalt:

Vom Osten kommt Hrym,
Er hebt den Schild,
Im Riesenzorn
Rast die Schlange,
Sie schlägt die Wellen;
Es schreit der Aar,
Leichen reißt er;
Los kommt Nagefar
⋮
Von Süden kommt Surt
Mit sengender Glut;
Von der Götter Schwert
Scheint die Sonne.
Riesinnen fallen,
Felsen brechen,
Zur Hel ziehn Männer,
Der Himmel birst.
⋮
Die Sonne erlischt,
Das Land sinkt ins Meer.
Vom Himmel stürzen
Die heitern Sterne.
Rauch und Feuer
Rasen umher;
Hohe Hitze
Steigt himmelan (*Edda* 1920 II: 41f.).

In diesem Seherinnengesicht (Vǫluspá) ist die kulturelle Domestikation des Untiers, das Sich-Einrichten auf seinem Planeten, schon so weit fortgeschritten, daß die visionäre Rücknahme der eigenen Gattungsexistenz nur noch im Gefolge einer Totaldestruktion, als »Weltuntergang« erfolgen kann. Trotzdem bleibt in solch weitsichtiger Globalisierung des Todes und der sehnsüchtigen Herstellung jenes vollkommenen kosmischen Gleichtaktes, jener harmonischen Beziehung zur Umwelt, zu der das Untier während seiner Gattungsexistenz nie befähigt war, zumindest für die Phase der Auflösung und Vernichtung, das Urinteresse an der Problematisierung eigenen Daseins, das Faszinosum eines Gedankenspiels mit der Menschenleere als Grundimpuls weiterhin deutlich spürbar; und das spekulative Bedürfnis findet etwa in der Anahnac-Religion Mittelmexicos durch die Pluralisierung der Katastrophe eine immer nachhaltigere Befriedigung:

> Fast alle Zeugnisse ... haben einen Mythos zum Inhalt, der als die »Legende von den vier Sonnen« bekannt ist und in verschiedenen Fassungen vorliegt ... Vier Weltperioden, die als Sonnen bezeichnet werden, sind dem gegenwärtigen Weltzeitalter vorausgegangen: Alle fanden sie durch Naturkatastrophen ihr Ende. Die erste Sonne, *nahui ocelotl* = Vier-Jaguar, dauerte 376 Jahre. An dem Tage »Vier-Jaguar« kamen alle Erdbewohner um und wurden von Jaguaren gefressen. »Da verschwand die Sonne ...« Ihr folgte eine andere Sonne. Sie trug den Namen *nahui ehecatl* = Vier-Wind. In diesem Weltalter wurde die Menschheit von furchtbaren Winden fortgetragen. Die Überlebenden wurden zu Affen. Dieser Zeitraum dauerte 364 Jahre. Nun kam die Sonne *nahui quiahuitl* = Vier-Regen. Nach 312 Jahren vernichtete ein entsetzlicher Feuerregen alle Lebewesen und Dinge. Die Menschen wurden in Vögel verwandelt. Die letzte Sonne, *nahui atl* = Vier-Wasser, dauerte 676 Jahre, und an ihrem Ende verwandelten sich alle Menschen in Fische. Die fünfte, die gegenwärtige Weltperiode, trägt den Namen *nahui olin* = Vier-Bewegung. »Es ist unsere Sonne, in der wir jetzt leben ...« (Grimal 1967 III: 177).

Es unterliegt keinem Zweifel, daß *nahui olin* ebenso gewaltsam enden wird wie die vorhergehenden vier Perioden. Menschheits- und Weltgeschichte steuert damit für die Gläubigen nicht nur auf die Katastrophe zu, sondern sie ist diese Katastrophe in zyklischer Permanenz immer auch schon selbst.

Das mythisch-religiöse Bewußtsein ist überall dort, wo es das Untier als ausgesetzt, fremd, aus der Totalität der Schöpfung herausfallend begreift und es auf phantasievoll-rabiate Weise als Fremdkörper beseitigt, anthropofugales Bewußtsein. Daß es hier noch im Vorbegrifflichen und Uneigentlich-Bildhaften steckenbleibt, liegt einmal in der Natur des einzig zur Verfügung stehenden Ausdrucksmediums und zum anderen daran, daß sich das entwikkelnde philosophische Denken zunächst radikal vom tiefen Pessimismus des Mythos abkoppelt.

Schon in den Fragmenten der griechischen Vorsokratiker verschwindet nämlich die Erinnerung an das Untier zugunsten naturphilosophischer und kosmologischer Entwürfe, und wenig später rückt an die Stelle der mythischen Skepsis gegenüber der eigenen

Gattung, an den Platz totemistischer Regressionswünsche ins Animalische und der Trauer über das eigene un-tierische Ausgestoßensein ein neues Selbstbild mit umgekehrtem Vorzeichen: jene prometheische Vorstellung [1] vom »Menschen«, die von nun an die Gattung bis in die Gegenwart dominieren sollte.

[1] Das Aufrücken des Prometheus-Mythos zur gängigen Selbstdeutungsschablone der Moderne zeigt, daß auch das mythische Bewußtsein die anthropofugale Perspektive nicht verläßlich bewahren konnte, ja über weite Strecken – entweder durch eine deformierende Überlieferung oder eine späte »prähumanistische« Eigendynamik – selbst als anthropozentrisch infiltriert erscheint.

III

Man kann sich die Radikalität des Bruchs zwischen mythisch-anthropofugaler Weltwahrnehmung und dem hellenistischen Anthropozentrismus nicht klar genug vor Augen führen, wenn man zu begreifen sucht, warum die Formulierung einer Philosophie der Menschenflucht bis auf den heutigen Tag ein so ungemein schwieriges Unterfangen geblieben ist. Das gesamte philosophische Instrumentarium ist nämlich nach wie vor gleichsam imprägniert vom Gattungsnarzißmus der Antike, von der euphorisierenden Entdekkung, daß das ausgestoßene Untier, das vogelfreie Mängelwesen, sich zum intellektuellen Usurpator aufschwingen kann, der seine Welt zu »erklären« vermag und sich als Erklärender und über seine Erklärungen in ihrem Zentrum inthronisiert. Das Untier ratifizierte auf diese Weise seine zivilisatorischen Erfolge, die es erstmals gegen den Terror der natürlichen Umwelt des »Primitiven« abschirmten[2], und glorifizierte sich zum »homo sapiens« – eine für den Mythos stupende Illusion, die dann ihrerseits im Verein mit dem jüdisch-christlichen Vergewaltigungsgebot des »Machet Euch die Erde untertan« immer neue Bemächtigungs- und Kontrolltechniken ins Leben rief und zu einem über zweitausendjährigen wechselseitigen Aufschaukelungsprozeß von ideologisch abgesicherten Machtansprüchen und technologischem Herrschaftswissen führte, der noch bis vor kurzem die philosophisch sublimierten Omnipotenzphantasien der griechischen Metaphysik auf das nachhaltigste und erfreulichste zu bestätigen schien.

[2] Gemeint ist folgende Dialektik: der »Primitive« lebt in einer für ihn unbeherrschbaren und unbeherrschten Natur, deren Unbilden und Terror er ausgesetzt ist, wobei er zugleich noch auf die Instinktausrüstung des Tieres verzichten muß. Der ursprüngliche Mythos transportiert eben diese Erfahrung des Ausgesetztseins und kennt als möglichen Ausweg nur die Alternativen lustvoller erneuter Vertierung oder aber die eigene Vernichtung. Mit der Entwicklung immer komplexerer und verläßlicherer Überlebensstrategien, die ihren ersten Höhepunkt in der neolithischen Revolution, also dem Übergang von der Sammler- und Jäger- zur Ackerbauer- und Viehzüchterexistenz, erreicht, verliert diese Alternative das existenzielle Fundament ständiger Gefährdungserlebnisse durch eine feindgetönte natürliche Umwelt und damit ihre Plausibilität. An die Stelle des Urmythos treten Stabilisierungsmythen, die den status quo sichern, und Anspruchsmythen, die zu seiner Überschreitung auffordern. Die allerdings auch ihnen noch eigene Distanz neutralisiert erst das neue Selbstbewußtsein der Philosophen, das sich durch ein aus der zivilisierten Sekurität der Polis gespeistes vorbildloses Selbstvertrauen und einen universalen Erklärungs- und damit Sinngebungsanspruch auszeichnet.

Mit dem Anlaufen der philosophischen Sinnmaschine im 6. vorchristlichen Jahrhundert, mit Thales, Anaximander, Pythagoras, begann die erbarmungslose Liquidierung des Untiers durch den Menschen, die rigorose Verdrängung der Urerfahrung der Unsinnigkeit und Absurdität der Gattungsexistenz durch eine Vernunft, die den Kosmos nach den eigenen Denkschablonen rekonstruierte und es nicht versäumte, sich in der wohn- und heimatlich gewordenen All-Harmonie selbst den Platz, wenn nicht des schöpferischen Urprinzips des Logos oder Nous, so doch den des »Nachschöpfers« und der »Krone der Schöpfung« einzuräumen. Die Ordnungsstrukturen des Universums wurden identisch mit denen der philosophischen Reflexion, das Himmelsgewölbe über der ptolemäischen Erdscheibe schrumpfte zum Dach eines platonischen Philosophenschädels.

Der Projektionscharakter personaler Gottesvorstellungen war schon Xenophanes (570–477 v.u.Z.) bekannt, der den anthropomorphen Polytheismus der olympischen Götterwelt mit der Feststellung verspottete:

> Wenn Kühe, Pferde oder Löwen Hände hätten und damit malen und Werke wie die Menschen schaffen könnten, dann würden die Pferde pferde-, die Kühe kuhähnliche Götterbilder malen und solche Gestalten schaffen, wie sie selber haben (Capelle 1968: 121),

der Anthropozentrismus und Logomorphismus der eigenen Spekulation aber kam ihm und seinen Nachfolgern – mit Ausnahme vielleicht des Nihilisten Gorgias und des Skeptikers Pyrrhon – nicht mehr zu Bewußtsein. Im Gegenteil, der Sophist Protagoras verkündet mit dem Brustton der Überzeugung, »der Mensch sei der Maßstab aller Dinge, der Seienden, daß sie sind, der Nichtseienden, daß sie nicht sind« (ebd.: 327) – eine Einsicht, deren subjektivistisch-relativistische Auslegung Sokrates ablehnte, die er aber mit Bezug auf die Gattung als Ganzes nachdrücklich unterstrich. Der Homo-mensura-Satz im sokratischen Verständnis ist so die eigentliche philosophische Gegenthese zur Anthropofugalität des Mythos und seiner demgegenüber höchst bescheidenen Konzeption der Stellung und Bedeutung des Untiers.

War der Urmythos Dokument des Ausgesetztseins und der Gefährdung, so erscheint Philosophie als geistige Kolonisation, als spekulative Land- und Besitznahme, die in den Feldzügen eines Alexander oder der Expansion des Römischen Reiches augenfällige Parallelen besitzt. Wie verwandt dabei die Mentalität des Philosophen mit dem Imperialismus des Politikers ist, zeigt das folgende Argument aus Ciceros *De natura deorum*, das nach einigen Modifikationen zur Rechtfertigung anthropozentrischen Denkens ebenso taugte wie zur Legitimation militärischen Vorgehens gegen die unvernünftigen Barbaren:

> Für wen also könnte wohl diese Welt geschaffen sein? Doch wohl für vernünftige Wesen; und dies sind die Götter und die Menschen, die besten Wesen, die es gibt, da die Vernunft allen vorangeht. ... Von Anfang an ist die Welt der Götter und Menschen wegen gemacht worden, und alles in ihr Befindliche ist zum Genusse der Menschen bereitet und ausgedacht worden (Panitz 1974: 67).

Der Auserwähltheitsgewißheit dieses Denkens, der Selbstanbetung und Apotheose des Menschen über die neuentdeckte philosophische Vernunft hatte eine in die Latenz abgedrängte anthropofugale Erkenntnis so lange nichts entgegenzusetzen, als sich die ideologischen Vorgaben in der relativen Stabilität und Sicherheit der griechischen Polis und später der Pax Romana handgreiflich zu bestätigen schienen. Erst in Zeiten des Umbruchs und der Krise werden Schwundformen und Relikte erneut sichtbar wie Strandgut, das eine abebbende Flut zurückläßt. Schlagendes Beispiel für eine solche Reaktivierung wider Willen ist die Stoa, die den unsicheren Zeitläufen mit einer Radikalisierung der anthropozentrischen Ethik zum Humanitätsideal zu widerstehen suchte, in der sich aber gleichwohl anthropofugale Einschlüsse finden. Epiktets Versicherung: »Wir sind alle Brüder und haben in der gleichen Weise Gott zum Vater« oder das humanistische Plädoyer des Kaisers Mark Aurel:

Worüber willst du denn unwillig sein? Über die Schlechtigkeit der Menschen? Vergegenwärtige dir den Satz, daß die Vernunftwesen wegen einander da sind und daß sie zu ertragen ein Teil der Gerechtigkeit ist und daß sie unfreiwillig fehlen und wie viele schon, die Feinde gemacht, beargwöhnt, gehaßt, die Klinge gekreuzt haben, hingestreckt und zu Asche geworden sind (ebd.: 189),

transportieren so gleichsam Konterbande wie etwa die Lehre von der Seelenruhe (ataraxia oder tranquillitas animi) und »apathia«, in der etwas mitschwingt von der großen Gleichgültigkeit anthropofugalen Denkens gegenüber den inflationären Glücksansprüchen des Untiers, oder die Rechtfertigung des (überlegten) Selbstmordes, der als subjektivistisch verkürzter Reflex apokalyptischer Sehnsüchte erscheint.[3]

[3] Vgl. etwa Senecas *Epistolae morales*, in denen es u.a. heißt: »Es ist eine herrliche Sache, sterben zu lernen. ... Wer sterben gelernt hat, hat verlernt, Sklave zu sein; er ist über aller Gewalt, wenigstens außer aller. Was gehen Kerker ihn an und Wachen und Riegel? Frei steht ihm der Ausgang. Nur eine Kette ist es, die uns gefesselt hält, die Liebe zum Leben, sie ist zwar nicht abzuwerfen, aber sie ist doch wenigstens zu schwächen, damit, wenn die Umstände es erfordern, nichts uns halte und hindere, bereit zu sein, was einmal doch geschehen muß, auf der Stelle zu tun« (Panitz 1974: 223).

IV

Die Lähmung und anschließende Zerschlagung des römischen Weltreichs im Gefolge der Völkerwanderung mußte vom antiken Anthropozentrismus als im Wortsinne barbarische Falsifikation seiner humanistischen Prämissen erlebt werden und hat ihn entsprechend fast ein Jahrtausend lang zum Verstummen gebracht. Das unsägliche Grauen, das die plündernden, brandschatzenden und mordenden Horden der Hunnen, Goten, Burgunder, Alemannen und Franken verbreiteten, die menschenverachtende Zerstörungswut, die die Vandalen sprichwörtlich werden ließ, hätte andererseits bei philosophisch gebildeten Zeitgenossen aber auch zur Reaktivierung der alten mythischen Einsicht in das Wesen des Menschen als des Untieres, für die wie erwähnt im Stoizismus Ansatzpunkte gegeben waren, führen müssen – wenn nicht mehrere Faktoren die Entstehung eines post-mythologischen anthropofugalen Denkens zu diesem Zeitpunkt hintertrieben hätten. Die Einflußgrößen waren u.a. die Inoriginalität und mangelnde Innovationskraft der römischen Philosophie überhaupt, die über die Adaption und den Ausbau griechischer Systeme nie hinausgelangte, Zerstörung oder Behinderung des etablierten Kommunikationsflusses, der die Verbreitung unorthodoxer Ideen nicht zuließ, Einschüchterung oder physische Vernichtung der Intelligentsia und schließlich und endlich die Existenz eines überlegenen rivalisierenden Paradigmas, nämlich des Christentums.

Das christliche Dogma und die christliche Philosophie sind letztlich verantwortlich dafür, daß die Antike hinter der euphorischen Negation des Untiers, die sie von Anbeginn betrieben hatte, nicht endlich doch noch zu dem Negierten und Verdrängten als dem Ursprünglichen und Eigentlichen zurückfand, sondern ihren Anthropozentrismus hinüberretten und auflösen konnte in den strukturhomologen Theozentrismus der christlichen Lehre. Dieser Theozentrismus leistete das Unerhörte, indem er die alltägliche Erfahrung der gegen die eigene Gattung sich richtenden Destruktivität des Untiers und die Kerngedanken des antiken Humanismus, der angesichts einer seinen Lehren hohnsprechenden Empirie vor der theoretischen Kapitulation stand, zusammenkoppelte und zu einem für Jahrhunderte plausiblen neuen Konzept synthetisierte. Die ideologisch so überaus erfolgreiche Formel hieß Integration an Stelle von Polarisierung. Statt wie die griechischen Philosophie das Untier in einen Tabubereich abzuschieben und auf dem vakanten Postament die philosophische Skulptur des Menschen zu plazieren, sprach das Christentum jetzt vom Untier *im* Menschen, vom Untier als einer Fehlform, einer Entartung, einer Deformation. Mit dieser neuen Perspektive war zweierlei gewonnen: die empirische Realität konnte als solche akzeptiert, mehr noch, sie konnte als Sündenfall und Abkehr von Gott »erklärt« werden, und der Primat des Humanen war trotz der ständigen grotesken sozialen Karikatur als Primat des gläubigen und gottergebenen Menschen gewahrt.

Der Preis, der für diese Rettung des Menschen entrichtet werden mußte, war der Verlust jener existenziellen und intellektuellen Autonomie, die das griechisch-römische Konzept in seinem in der Regel höchst frivolen Umgang mit den Göttern auszeichnete. Der Humanismus war jetzt theozentrisch verankert und leitete seine Existenzgarantien von einem im Grund wohlmeinenden Schöpfergott bzw. von seinem ausgesprochenen humanophilen Sohn ab, der sich zwecks Befriedigung seiner Fixierung zum Äußersten, nämlich zu einer Art entsühnendem Liebestod, bereitfand und den periodischen misanthropischen Anwandlungen seines Vaters damit ein für allemal die Spitze nahm.

Lebensziel des einzelnen wird im Mittelalter die Vertreibung des Untiers aus sich selbst, ein Läuterungsprozeß, den schon die um 400 entstandene *Confessiones* Augustins modellhaft beschreiben. Wo Gattungsdestruktivität derart introjiziert wird, führt sie in einer ideologisch feindseligen Umwelt zum Märtyrertum, im seinerseits christlich geprägten sozialen Kontext zum Lebensideal der Versagung und Askese, die ja in der Tat zentrale Eigenheiten des intellektuellen Habitus jener Epoche darstellten. Aber selbst in der Einsiedlerexistenz sind die urtümlichen anthropofugalen Impulse nicht mehr ungebrochen auszuleben, denn die Flucht vor dem Menschen erscheint immer schon abgewertet zur Begleiterscheinung einer essentielleren Vorwärtsbewegung: der Flucht in den Schoß oder die schützende Hand Gottes.

Die weniger mönchisch-meditativ veranlagten Untiere, die sich zur Sublimation ihres Vernichtungswillens und der Rückspiegelung des Menschenhasses auf sich selbst nicht in der Lage fanden, blieben darauf angewiesen, daß ihnen die Kirche aus wohlverstandenem Eigeninteresse – sie mußte Gattungsaggression ableiten, wollte sie die Destabilisierung ihrer eigenen Strukturen etwa durch das Ketzertum in Grenzen halten – Freiräume zur Verfügung stellte, in denen sie sich ausagieren konnten. Die argumentative Rechtfertigung für eine derartige Freisetzung von Gewalt war bald gefunden und folgte dem traditionsreichen »Der Zweck heiligt die Mittel«-Schema. Zwar war in der Regel das Untier – das »böse Fleisch« – zu kasteien und abzutöten, im Kampf gegen die Feinde im eigenen oder fremden Lager, sprich gegen die Häretiker und Heiden, aber war siegreiche Brutalität ein Geschenk Gottes und entsprechend willkommen.

Während des ersten Kreuzzuges kannte der Eifer für die heilige Sache dann auch insbesondere bei der Erstürmung Jerusalems am 15. 7. 1099 keine Grenzen mehr. Das Gemetzel kostete über 10000 Sarazenen das Leben; die meisten der Getöteten waren Angehörige der Zivilbevölkerung, also Halbwüchsige, Alte und Frauen, denen die Eroberer die Säuglinge von der Brust rissen, um deren Schädel vor den Augen ihrer Mütter an Wänden und Türpfosten zu zerschmettern (vgl. Lehmann 1976: 148). Ein anonymer Chronist komplettiert seinen Bericht, die sprunghafte Mentalität der Marodeure getreulich abbildend, mit den Worten:

> Nachdem die Unsrigen die Heiden endlich zu Boden geschlagen hatten, ergriffen sie im Tempel eine große Zahl Männer und Frauen und töteten oder ließen leben, wie es ihnen gut schien. Bald durcheilten die Kreuzfahrer die ganze Stadt und rafften Gold, Silber, Pferde und Maulesel an sich; sie plünderten die Häuser, die mit Reichtümern überfüllt waren. Dann, glücklich und vor Freude weinend, gingen die Unsrigen hin, um das Grab unseres Erlösers zu verehren und entledigten sich ihm gegenüber ihrer Dankesschuld. ... Man befahl auch, alle toten Sarazenen aus der Stadt zu werfen, wegen des unsäglichen Gestanks, denn die ganze Stadt war völlig mit ihren Leichnamen angefüllt. Die lebenden Sarazenen schleppten die Toten aus der Stadt und machten daraus häuserhohe Haufen. Niemand hat jemals von einem ähnlichen Blutbad unter dem heidnischen Volk gehört oder es gesehen. Scheiterhaufen gab es wie Ecksteine, und niemand außer Gott kennt ihre Zahl (Pernoud 1977: 101f.).

Dem gleichen Blutrausch verfiel das christliche Untier regelmäßig auch im eigenen Land, wenn es um die Bewahrung der reinen Lehre ging. Eine Episode der »Kampagne« gegen die Albigenser beschreibt Dollinger in seinem *Schwarzbuch der Weltgeschichte* so:

> Als die Stadt Bézier die Auslieferung aller Ketzer ablehnte, stürmten die Katholischen im Juli 1209 mit dem Lied, »Komm, Heiliger Geist« die Stadt und richteten unter den Einwohnern, egal, ob Ketzer oder Katholiken, ein fürchterliches Blutbad an. Der päpstliche Legat Arnaud soll auf die vorhergegangene Frage, ob man die Katholiken in der Stadt schonen soll, geantwortet haben: »Schlagt sie alle tot, der Herr wird die Seinigen (Katholiken) schon erkennen« (Dollinger 1973: 144).

Man bemerkt an diesem keineswegs von Zynismus, sondern im Gegenteil von tiefster Gläubigkeit getragenen Ausspruch Arnauds, daß der Theozentrismus dem Untier ein gutes und reines Gewissen verschaffte, solange es auf dem von der Orthodoxie zugewiesenen gegnerischen Territorium wütete. Das inquisitorische Bewußtsein und Reinheitsbedürfnis des Katholizismus, dem unzählige Menschenleben geopfert wurden, versagte aber immer dann, wenn es nicht um das Seelenheil anderer, sondern um die eigene Selbsterkenntnis ging. Während der antike Humanismus den Einbruch einer bestialischen Wirklichkeit in den wohlgeordneten Kosmos seines Denkens nicht zu verarbeiten vermochte, konnte die durchaus vergleichbare, wenn nicht sogar potenzierte Grausamkeit des Mittelalters das Menschenbild der Scholastik zunächst nicht erschüttern. Gemäß den beschriebenen Mechanismen war Gewalt immer nur auf seiten der Dissidenten, also im Lager des Gegners als solche überhaupt wahrnehmbar und verwandelte sich hier flugs in teuflische Macht und die Truppen der Heiden oder Ketzer entsprechend in Kohorten des altbösen Feindes. Gegengewalt war deshalb überhaupt keine »Gewalt« mehr, sondern Gottesdienst.

Die ursprüngliche Formel vom Untier *im* Menschen, die von Sündenbewußtsein und Bußfertigkeit getragen war, verblaßte in der Institution Katholizismus und dem an der Ausweitung seiner Einflußsphären interessierten Machtzentrum Kirche im Verlauf der skizzierten Entwicklung als reflexive Größe und Interpretationsraster der Selbstbeobachtung immer mehr, radikalisierte sich demgegenüber aber im Umgang mit dem religiös-ideologischen Gegner, der schließlich nur noch als Unmensch erschien, in dem man Relikte des Humanen in der Folter erst mühsam freilegen mußte. Die Ketzerverbrennungen und später die Hexenprozesse, die uns retrospektiv als Ausbruch des Kollektivsadismus erscheinen, erfolgten so zumindest in offizieller Leseart aus höchst honorigen, ja seelsorgerischen Motiven; denn nur durch den Scheiterhaufen – gleichsam ein vorweggenommenes Fegefeuer – entging die verteufelte Seele des Opfers der ewigen Verdammnis.

Der Theozentrismus, der angetreten war, der Barbarei zu steuern und das Untier in der Askese unter Verschluß zu nehmen, brachte somit mit fortschreitender historischer Entwicklung selbst immer mehr jener Schlächter und Vollstrecker hervor, die sich gegenseitig als Anhänger der Religion der Liebe hofierten, deren wirkliches Lebenselement allerdings das Autodafé und der Schindanger abgaben und die in ihren Predigten Langmut und Vergebung, in ihren Taten rasender Menschenekel beseelte.

V

Das Auseinanderfallen von theoretischem Anspruch und der eigenen gerade nicht vom Liebesgott beherrschten Praxis bildet sich in der Scholastik selbst – allerdings theologisch stark verschoben – im sogenannten Universalienstreit ab, in dem es um den ontologischen Status von Allgemeinbegriffen ging. Der späte Nominalismus eines Duns Scotus und Wilhelm von Occam, die die Universalien nicht mehr als Wesenheiten und präexistente Ideen, sondern lediglich als konventionsgebundene Benennungen und Namen für eine Gruppe von Dingen gelten ließen, konnte auch Handeln nur noch voluntaristisch, d.h. als Ausdruck eines undeterminierten Willens, begreifen, der sich die Rechtfertigung für seine Taten nachträglich fabrizierte. Was hier noch mit der Aura der Willensfreiheit verbrämt wird, ist in Wirklichkeit erste Einsicht in die prinzipielle Instrumentalität ideologisch-religiöser Systeme, die bei entsprechend geschickter Auslegung und Applikation noch übelste Schandtaten von ihrem Kainsmal befreien und sie in Äußerungen eines gottgefälligen und selbstvergessenen Heldentums ummünzen können.

Die Konsequenzen dieses skeptischen Ansatzes konnten innerhalb des scholastischen Wertsystems nicht mehr durchdacht werden, ohne seine Fundamente zu zerstören. Die Folge war die kopernikanische Wende zum neuzeitlichen Denken der Renaissance, das nicht mehr als ancilla theologiae, also als Magd der Theologie, unter dem geistlichen Banner des Glaubens, sondern unter dem säkularen des Humanismus und der studia humanitatis antrat. Dieser Humanismus aber war von Anbeginn janusköpfig und trug nicht mehr nur die edlen und verklärten Züge des antiken Vorbildes, auf das er sich berief, sondern hinterrücks auch die Fratze des Untieres, das nicht nur der Vergangenheit, sondern auch der Zeitgeschichte so überdeutlich seine Signatur aufdrückte. Im Humanismus der Renaissance liegt deshalb auch der Keim für ein ganz und gar anti-humanistisches Denken, für jene anthropofugale Perspektive, jenes philosophische Absehenkönnen vom Menschen, das sich die Philosophie in den folgenden Jahrhunderten so überaus mühsam und Schritt für Schritt aneignete. Und insofern ist diese Epoche in der

Tat Schauplatz einer geistesgeschichtlichen Revolution, als das philosophische Denken, das als Totengräber der Menschendistanz des Mythos auf den Plan getreten war, sich jetzt endlich zumindest potentialiter als dessen legitimer Erbfolger zu begreifen begann.

Beschreiben wir diese Doppelgesichtigkeit etwas genauer. Renaissance – das ist zunächst Auflehnung und Verteidigung gegen den manifesten Zynismus des theozentrischen Menschenbildes durch Restauration jenes antiken Humanitas-Ideals, dessen vorbildliche Formulierung man vor allem in den Schriften Ciceros ausmachte. Cicero nämlich erweiterte den ursprünglichen Begriffsinhalt von »Humanität«, der Vernunft, Redefähigkeit und römische Virtus umfaßte, um eben jene Dimensionen, die für das neuzeitliche Menschenbild so zentral werden sollten:

> Zunächst »Milde, Menschenfreundlichkeit« – etwa das, was wir als einen wesentlichen Bestandteil der »Humanität« bezeichnen würden; dann aber auch »gediegene, allgemeine Bildung« und als Folge davon »feines Gefühl für Anstand und Sitte« – das letzte etwa unseren Worten »Herzensbildung« oder »Taktgefühl« entsprechend (Rüdiger 1966: 28).

Renaissance-Humanismus erscheint hier zugleich als Wiederbelebungsversuch eines klassischen Anthropozentrismus und als Bildungswissen, das Sozialprestige und in seiner literarischen Umsetzung Nachruhm – eine damals noch keineswegs suspekte Motivationsgröße – sicherte. Unter dem ersten Aspekt läßt sich eine direkte Verbindung herstellen zwischen dem »christlichen Cicero« Lactantius (ca. 250–317), der als Prinzenerzieher am Hofe Konstantins das antike Erbe im Rahmen christlicher Apologetik zu sichern suchte und den Menschen sich vor dem Tier noch nicht durch seine Gottesebenbildlichkeit, sondern durch seine Vernunft auszeichnen ließ:

> Endlich ist der Mensch, obschon er einen unansehnlichen Körperbau besitzt, von schwachen Kräften, von hinfälliger Gesundheit ist, doch, weil er dieses größere [die Vernunft] erhalten hat, besser ausgestattet und herrlicher beschaffen als die übrigen Lebewesen. Denn obschon er gebrechlich und hinfällig zur Welt kommt, so ist er doch vor den Tieren sicher, während die ande-

ren stärkeren Lebewesen, auch wenn sie die Unbilden der Witterung, ohne Schaden zu nehmen, ertragen, doch nicht vor dem Menschen sicher sind. So ist es also der Fall, daß die Vernunft den Menschen mehr gewährt als die Natur den Tieren (Vorländer 1967 II: 170),

und jenem wohl bekanntesten Manifest des neuzeitlichen Humanismus, Giovanni Pico della Mirandolas 1496 verfaßter Abhandlung *De dignitate hominis*. Auch bei Pico nämlich wird die mangelhafte Ausstattung des Untiers und das Instinkt-Surrogat der Vernünftigkeit verklärt zum höchsten Geschenk des Schöpfers, wenngleich das alte mythische Deplaciertheitsgefühl damit nur noch mühevoll zu überdecken ist[4]; Pico schreibt:

> So beschloß der Werkmeister in seiner Güte, daß der, dem er nichts Eigenes mehr geben konnte, an allem zugleich teilhätte. ... Die Tiere bekommen, wie Lucilius sagt, bei ihrer Geburt aus dem Mutterbeutel all ihren künftigen Besitz schon mit. ... Im Menschen aber sind bei seiner Geburt von Gott Vater vielerlei Samen, und Keime jedweder Lebensform angelegt; und welche er hegt, die wachsen und tragen Frucht in ihm: sind es die Keime pflanzlichen Daseins, so wird er dahinvegetieren; des Sinnlichen, so wird er wie ein Tier werden; des Verstandes, so

[4] Nach Pico ist der Mensch in erstaunlicher Nähe zur Nachgeburtsvorstellung des Mythos ebenfalls göttlicher »Nachgedanke«, etwas Hinzugefügtes, das der Harmonie der Schöpfung eigentlich nicht mehr ein- und angepaßt ist, kein »Lückenbüßer«, sondern ein Luxus, den sich der Demiurg nach getaner Arbeit gestattet: »Schon hatte Gott Vater, der Baumeister, das Haus der Welt, wie es uns vor Augen liegt, diesen erhabenen Tempel der Gottheit, nach den Gesetzen verborgener Weisheit errichtet; die überhimmlische Region hatte er mit Geistern geschmückt, die Bahnen des Äthers mit ewigen Wesen belebt, die Bereiche des schmutzigen Abfalls der unteren Welt hatte er mit allerlei Getier bevölkert. Nun aber, nach Vollendung des Werkes, sehnte sich sein Erbauer nach einem, der den Sinn dieses Werkes erwägen, seine Schönheit lieben und seine Größe bewundern könnte. Deshalb dachte er, als schon alles (wie Moses und Timaeus bezeugen) vollbracht war, zuletzt erst an die Erschaffung des Menschen. Es war aber unter den Archetypen keiner mehr, woraus er ein neues Geschöpf hätte bilden, in seinen Kammern nichts mehr, was er dem neuen Sohn als Erbgut hätte schenken können, und es war in der Welt kein Ort mehr, den jener Betrachter des Universums hätte einnehmen können. Es war schon alles gefüllt; alles unter die oberen, mittleren und unteren Ordnungen verteilt« (Pico della Mirandola 1968: 28f.).

wird er ein himmliches Lebewesen; des Geistes, so wird er ein Engel sein und Gottes Sohn. Doch wenn er an keiner geschöpflichen Möglichkeit Genüge findet und sich zurückzieht auf das Zentrum seiner selbst und so mit Gott *ein* Geist wird und im einigen dunklen Grund Gottes des Vaters, der über alle Dinge gesetzt ist, so wird er über allen Dingen stehen. Wer sollte so ein Chamäleon nicht bewundern (Pico della Mirandola 1968: 30f.).

Das Bild des Chamäleons hat heute da diffamierende Züge, wo es zu Zeiten Picos Exotismus suggerierte; aber aufschlußreich ist es auch so. Denn die Einsicht in die nahezu universale Formbarkeit des Menschen, die seine Perfektibilität begründen sollte, konnte im Gegenzug natürlich auch dazu verwandt werden, hinter dem Antlitz einer antiken Humanität und Menschenfrömmigkeit das Gorgonenhaupt herauszukehren, das der Gattung in ihrem geschichtlichen und politischen Selbstausdruck eignet.

Der Skeptizismus der scholastischen Nominalisten gegenüber absoluten Sinnvorgaben radikalisiert sich so bei einigen Vertretern der Renaissance-Philosophie zu einem zunehmend illusionslosen Blick hinter die von ihren Zeitgenossen restaurierte hellenistisch-römische Menschenmaske und zu einem tiefen, nicht mehr wegzuphilosophierenden, fressenden Erschrecken.

Die drei profiliertesten Denker der frühen Neuzeit, die diese Distanz zum neoklassischen Anthropozentrismus – wenn auch in höchst unterschiedlichen Graden – ausbilden, sind der Erzhumanist und Kirchenkritiker Erasmus von Rotterdam, der in Ungnade gefallene Kanzleisekretär, Diplomat und Historiograph Niccolo Machiavelli sowie der Aristokrat und spätere Bürgermeister von Bordeaux, Michel Eyquem de Montaigne.

Am deutlichsten vorgeformt ist das, was sich dann in der französischen Aufklärung erstmals zur bewußt anthropofugalen Reflexion verdichtet, ohne Zweifel bei Machiavelli, dessen amoralische Staatsphilosophie nicht auf humanistischem Wunschdenken, sondern auf der kalten Rationalität von Machtkalkülen basiert. Seine 1513 im Manuskript abgeschlossene, aber erst knapp 20 Jahre später im Druck erschienene Abhandlung *Il principe* (Der Fürst) ist ein ernüchternder Katalog von Herrschaftsstrategien und Usurpationstechniken, in dem in moralisch-ethischer Indifferenz die Möglichkeiten des Erwerbs von Fürstentümern – Erwerbung durch Ererben, durch eigene Waffen und Verdienst, durch fremde Waffen und Glück, durch Verbrechen – gleichsam durchdekliniert werden, wobei Machiavelli nachdrücklich auch auf die zentrale Rolle von Gewalt eingeht:

> Ein Fürst soll also kein anderes Ziel und keinen anderen Gedanken haben und sich in keiner anderen Kunst üben als im Krieg und seinen Regeln und Erfordernissen. Denn es ist die einzige Kunst, die sich für einen Herrscher ziemt. Sie vermag so viel, daß sie nicht nur einen als Fürst geborenen auf dem Thron erhält, sondern gar oft auch Leute aus dem Bürgerstande auf den Thron hebt. Umgekehrt aber kann man sehen, daß die Fürsten, die mehr an den Lebensgenuß als an die Kriegstüchtigkeit dachten, ihr Reich verloren haben (Machiavelli 1969: 91f.).

Sittsamkeit und Humanität sind nur da am Platze, wo sie sich herrschaftsstabilisierend auswirken, d.h. sie sind als situationsgebundene und instrumentelle Größen, nicht etwa als kategorisches Sittengesetz, dem jederzeit und überall Folge zu leisten wäre, zu begreifen. Nicht »Charakter« und moralische Integrität ist deshalb Überlebensgarant des Herrschers, sondern extreme Rollenflexibilität, das ständige konstellationsgerechte Oszillieren zwischen Mensch und Untier; nach Machiavelli lehrt die Erfahrung,

> daß gerade in unseren Tagen *die* Fürsten Großes ausgerichtet haben, die es mit der Treue nicht genau nahmen und es verstanden, durch List die Menschen zu umgarnen; und schließlich haben sie die Oberhand gewonnen über die, welche es mit der Redlichkeit hielten. Man muß nämlich wissen, daß es zweierlei Waffen gibt: die des Rechtes und die der Gewalt. Jene sind dem Menschen eigentümlich, diese den Tieren. Aber da die ersteren oft nicht ausreichen, muß man gelegentlich zu den anderen greifen. Deshalb muß ein Fürst verstehen, gleicherweise die Rolle des Tieres und des Menschen durchzuführen (ebd.: 103f.).

Die Nachwelt hat Machiavellis in die Gestalt der Staatsräson und eines »realpolitischen« Pragmatismus gekleidete klarsichtige Anthropologie verketzert und diffamiert, weil sie mit der Schutzbehauptung des Gottesgnadentums und des Edelmuts der Herrschenden unmißverständlich und vernehmlich aufräumte, darüber hinaus eine subversive und anti-humanistische Gegenströmung zum Renaissance-Optimismus erzeugte und damit einen ideologischen Parasiten in die Welt setzte, der sich einnistete und sich auf Dauer als seinem Wirt an Robustheit und Langlebigkeit überlegen erweisen sollte.

Zwischen diesem »mißratenen« Sohn des Humanismus und einem um vier Jahre älteren Zeitgenossen, den Lexika regelmäßig als bedeutendsten der Humanisten ausweisen, die Geistesverwandtschaft der Unorthodoxen zu behaupten, mag auf den ersten Blick abstrus oder kurios wirken, hat aber zumindest für eine Schrift des Erasmus, sein dem Thomas Morus gewidmetes *Laus stultitiae* (Lob der Torheit) nämlich, ein fundamentum in re. Was Machiavelli oft rücksichtslos und mit dem Ressentiment des aus dem aktiven politischen Leben Exilierten an Erkenntnissen über Machtstrukturen und ihre Opfer, über die Impotenz der Vernunft und ethischer Direktiven verbreitet, das formuliert Erasmus mit kaum je verletzendem Witz und der fein ziselierten Ironie einer hochgebildeten und geschichtsbewußten Resignation schon 1509 in seiner Satire, über deren Zweck er an Morus schreibt:

> Wie ungerecht wäre es, wo man doch allen Ständen im Leben Scherz und Spaß gestattet, gerade den Männern der Wissenschaft kein einziges Plauderstündchen zu gönnen, zumal wenn ihre Possen einen gar ernsten Kern haben und ihre Tändeleien so sinnreich gehalten sind, daß Leser mit nur einigermaßen offenem Kopfe mehr daraus profitieren können als aus den ersten, prunkvollen Abhandlungen gewisser Stockgelehrten (Erasmus 1962: 9).

Ursprünglich ist es dieselbe Distanz, dasselbe Abstandgewinnen vom Menschen, das Machiavellis *Principe* und Erasmus' Torheitslob auszeichnet; nur die subjektive Verarbeitung des philosophischen Exzentrizitätserlebnisses, der überraschenden Einsicht, daß man so denken kann, als gehöre man der Gattung, über die man nachdenkt, gar nicht an, fällt je nach Temperament verschieden aus. Während Machiavelli eine zynische Machttechnologie entwickelt, die den neu in den Blick getretenen Lebensgewohnheiten und Verhaltensweisen des Untiers Rechnung trägt, versucht Erasmus, sich dieser Konsequenz durch einen ironischen Hymnus auf eben die Un-Vernunft zu entziehen, die uns so erbarmungsvoll die Augen verschließt vor dem Unheil, das uns begleitet. Das gebannte Starren Machiavellis, das auch ein Erstarren vor dem Gorgonenhaupt von seinesgleichen ist, umgeht Erasmus durch ein System philosophischer Spiegel und Brechungen, so daß er – wie Perseus in seinem polierten Schild – der Medusa, des Untiers, ansichtig wird, ohne zu »versteinern«, d.h. seinen humanistischen Überzeugungen abschwören zu müssen:

> Wohlan, wenn man gleichsam von der Höhe einer Warte herab das Menschengeschlecht betrachtet... muß man da nicht gerührt werden von dem Unglück und Elend der Sterblichen? Schmerzvoll und schmutzig ist ihre Geburt, nur mit vieler Mühe werden sie großgezogen, Not und Plagen haben sie in der Kindheit zu überstehen, die Jugend bringt ihnen unzählige Mühen, das Alter ist eine stete Quelle von Gebrechlichkeiten – und zum Schluß folgt unabwendbar der Tod! Und nun, während des ganzen Lebens, welche schreckliche Fülle von Krankheiten, welche Unzahl von Zufällen und Beschwerlichkeiten! Und endlich keine Freude, kein Genuß, der nicht durch Kummer und Sorgen getrübt wäre! Um der Leiden gar nicht zu gedenken, die ein Mensch dem anderen bereitet – Armut, Gefangenschaft, Schimpf, Schande, Not, Hinterlist, Verrat, Beleidigung, Anklage, Schurkerei! Doch ich schicke mich an, den Sand am Meer zu zählen! ... Urteilet hiernach, was wohl geschehen würde, wenn der Durchschnittsmensch sich einfallen ließe, weise zu sein; man würde bald eine neue Schlammasse und zweiten Prometheus nötig haben. Ich [die Torheit] aber beuge diesem Unfall vor teils durch Unwissenheit, in der ich die Sterblichen erhalte, teils durch Unbesonnenheit, öfters durch Vergessenheit der Leiden... Auf diese Weise versüße ich das Los der Menschen, so daß sie selbst dann noch nicht das Leben verlassen wollen, wenn das Leben selbst sie schon fast verlassen hat (ebd.: 47f.).

Diese höchst eigenartige Mischung aus klarster Einsicht in die »condition humaine« und einem willentlichen, in seiner Aufgeklärtheit doppelt paradoxen Selbstbetrug, mittels derer der Humanismus des Erasmus die Impulse philosophischer Menschenflucht unter Kontrolle hält, war instabil und brisant und wohl nur für einen kurzen historischen Augenblick möglich. Sein Versuch, die anthropofugale Gegenströmung der Renaissance mit dem wiedererweckten klassischen Menschheitsideal in prekärer Balance zu halten, mußte spätestens dann scheitern, als die Episode relativer Ruhe in Europa um 1520 zu Ende ging und die erneute Eruption von Gewalt und Grausamkeit in den Bauern- und Religionskriegen das Erasmianische Harmonisierungsmedium der Ironie korrodierte.

Statt des Glaubens an ein unverrückbar Gutes im Menschen machte sich vor diesem Hintergrund im Späthumanismus die Befürchtung breit, der Mensch habe »von der Natur selbst etwas wie einen Instinkt zur Unmenschlichkeit mitbekommen« (Montaigne 1969: 204), und es stehe ihm aufgrund seiner beständigen Anstrengungen, diesen Instinkt auszuleben, wohl an, »auf den königlichen Rang, den die menschliche Einbildung uns vor allen anderen Geschöpfen anweist« (ebd.: 205), zu verzichten. Der solches in der Stille seines Landsitzes und nach einer von den Wirren des Bürgerkrieges zwischen Katholiken und Hugenotten (Bartholomäusnacht 1572), zwischen partikularistischem Feudaladel und einer zentralistischen bürgerlichen Oberschicht bestimmten öffentlichen Existenz als Parlamentsrat und Emissär zu Papier brachte, war Michel de Montaigne, dessen ideengeschichtlich so folgenreiche *Essais* (1580) Produkte eines durch und durch skeptischen Denkens sind.

Montaignes Vertrauen in den individualisierten und humanisierten Renaissance-Menschen ist gebrochen, nicht nur weil er wie die Vertreter des griechischen und römischen Skeptizismus philosophisch mit dem Ein- oder Ausbruch der Barbarei fertig werden mußte, sondern weil er zugleich den Ethnozentrismus, die Abhängigkeit dieses Menschenbildes von den Traditionen des abendländischen Kulturraumes erkannte und damit dessen Absolutheitsanspruch aufzugeben gezwungen war. Wo ist der Maßstab, so fragt Montaigne, der es uns erlaubte, unsere Verhaltensnormen und Gebräuche für edler, für zivilisierter zu erklären als die anderer Kulturkreise? Besteht nicht vielmehr gerade da ein moralisches Gefälle, wo wir uns in grotesker Selbstüberschätzung weit über die »Primitiven« und »Wilden« zu erheben wähnen? Die Antwort gibt er in seinem Essay »Über die Kannibalen«; nachdem Montaigne die Tötung und den Verzehr des gefangenen Feindes geschildert hat, fährt er fort:

Ich habe durchaus nichts dagegen einzuwenden, daß man in einem solchen Vorgehen eine furchtbare Barbarei sieht; wohl aber dagegen, daß wir zwar ihre [der Kannibalen] Fehler verdammen, aber so blind gegen unsere eigenen Fehler sind. Es ist doch viel barbarischer, einen lebenden Menschen zu martern, als ihn nach dem Tode aufzuessen; einen Körper, der noch alles fühlt, zu foltern, ihn langsam zu verbrennen, ihn von Hunden und Schweinen totbeißen und totquetschen zu lassen (wie wir das nicht nur in alten Büchern lesen können, sondern wie wir es eben noch erlebt haben, und zwar nicht alten Feinden gegenüber, sondern unter Nachbarn und Bürgern derselben Gemeinde, und, was die Sache noch schlimmer macht, unter dem Vorwand von Glauben und Frömmigkeit), als ihn zu braten und zu verspeisen, nachdem er gestorben ist. ... Wir können die Wilden also Barbaren nennen, wenn wir ihr Vorgehen von der Vernunft aus beurteilen, aber nicht, wenn wir sie mit uns vergleichen; denn wir sind in vieler Beziehung barbarischer (ebd.: 112f.).

Zufluchtsort und letztes Residuum echter Humanität ist bei Montaigne nicht mehr ein bestimmtes Kulturideal, sondern eine solchen Idolen gerade mißtrauende abstrakte Vernunft, die aber eigentlich nur noch zu dem, was heute »Ideologiekritik« heißt, also zum Durchschaubarmachen einer unechten Aura, eines falschen Scheins, taugt und mangels substantieller Füllung selbst keine konkreten Leit- und Vorbilder mehr entwickeln kann.

Dieses neue problematisierende Denken, das starke Impulse auch über die naturwissenschaftliche Forschung empfängt, wird 1620 von dem wegen Bestechlichkeit abgesetzten englischen Lordkanzler Francis Bacon in seinem *Novum Organon* auf den methodologischen Begriff gebracht. Aufgabe einer empirischen und induktiven Rationalität ist nach Bacon die Beseitigung der zahllosen Vorurteile und Irrtümer, die den Erkenntnisfortschritt blockieren und die er in seiner Idolenlehre in die vier Gruppen der idola tribus, idola specus, idola fori und idola theatri einteilt. Von besonderem Interesse sind dabei die erste und die letzte Kategorie, denn die idola tribus, d.h. die Vorurteile, die dem gesamten Menschengeschlecht gemeinsam sind, meinen ein anthropomorphes und anthropozentrisches Denken, das mit den antiken Sophisten »ex analogia hominis« argumentiert; und die idola theatri bezeichnen die Irrtümer der Philosophie selbst, womit sich Bacon gegen eine unkritische und ungeprüfte Übernahme von Denktraditionen und damit gegen die imitativ-epigonalen Seiten der Renaissance selbst wendet.

VI

Dafür aber, daß der neuzeitlichen Philosophie des Menschen endgültig die Augen aufgingen und sie das animal rationale, die res cogitans des Descartes, in ihren nicht mehr narzißtisch und humanistisch getrübten unverwandten Blick nahm, war weder Bacon noch Machiavelli noch Montaigne zureichender Grund und Anstoß. Dazu brauchte es mehr als Skepsis und Wissenschaftskritik, nämlich *Anschauungsunterricht*. Die notwendige Lektion über sich selbst und seine Möglichkeiten erteilte das Untier von 1618 bis 1648 in dem nicht endenwollenden Blutbad, das eine vergeßliche Geschichtsschreibung mit dem nichtssagenden Etikett »Dreißigjähriger Krieg« versehen hat.

Das kollektive und hautnahe Erlebnis des organisierten Völkermordes und einer Amok laufenden Militärmaschinerie hat in der Philosophie einen traumatischen Schock ausgelöst, auf den sie nur mehr zwei Antworten fand: metaphysische Überkompensation oder den schmerzhaften Versuch der Aufklärung. Den ersten Weg beschritten ein Descartes, ein Spinoza – der gleichwohl, die Mentalität der Soldateska unbewußt abbildend, Mitleid und Reue unter die Untugenden einreiht –, später ein Leibniz. Ihre gigantischen Systeme sind spekulative Fluchtburgen und Prunkschlösser zugleich. Fluchtburgen, weil sie den Rückzug aus der aberwitzigen und unsäglichen Wirklichkeit erlauben; Prunkschlösser, weil sie gegen das viehische Wüten jenseits der metaphysischen Wälle und Laufgräben eine unbefleckte Vernunft inthronisieren helfen, die zur Erkenntnis des Absoluten und des Seins befähigt sein soll und zur Rechten der Substanz, ihrer Attribute, Modalitäten und Akzidenzien absolutistisch Hof hält.

Während Hobbes in seiner Staats- und Gesellschaftsphilosophie die Zeitläufe dahin zurückprojiziert, wo sie eigentlich angesiedelt sein sollten, nämlich in einem vorgeschichtlichen und vorsozialen Raum, in dem einst der Kampf aller gegen alle geherrscht habe und der Mensch dem Menschen ein Wolf gewesen sei, und damit indirekt die Tiefe des zivilisatorischen Absturzes auch während des englischen Bürgerkrieges verdeutlicht, schwingt sich der zwei Jahre vor

Abschluß des Westfälischen Friedens in Leipzig geborene Gottfried Wilhelm Leibniz, dem auf seinen frühen Reisen die Ruinen und Trümmerfelder, die Krüppel und die Invaliden alltägliche Kulisse gewesen sein müssen, zur Theodizee, d.h. der Rechtfertigung der existenten Welt als der besten aller möglichen, auf – und leistet damit eine ungeheuerliche kulturelle Verdrängungsarbeit, die man, hätte sie nicht die grandiosen Proportionen der Leibnizschen Monadologie, in den Bereich pathologischen Wirklichkeitsverlusts abzuschieben geneigt wäre.

Leibniz erklärt das Unheil für eine optische Täuschung, ein aus Informationsmangel geborenes Phantasma. Alles, was sei, sei so, wie es sei, zum besten bestellt und in vollkommener gottgewollter Harmonie, denn es gebe »nichts Ödes, nichts Unfruchtbares, nichts Totes im Universum, kein Chaos, keine Verwirrung, außer dem Anscheine nach« (Leibniz 1959: 59). Höchste philosophische Tugend ist deshalb ein kratzfüßiger Quietismus, der sich mit der Gewißheit bescheidet,

> daß es [das Universum] alle Wünsche der Weisesten übertrifft, und daß es unmöglich ist, die Welt besser zu machen als sie ist, und zwar nicht nur in bezug auf das allgemeine Ganze, sondern auch und besonders für uns selbst, wenn wir dem Urheber des Ganzen in gebührender Weise ergeben sind (ebd.: 69).

Leibniz' System ist in diesem Sinne eine einzige Ergebenheitsadresse und erfreute sich nicht zuletzt deshalb in höfisch-absolutistischen Kreisen ungekannter Popularität. Das aufs schwerste lädierte Menschenbild seiner Epoche retuschiert er in ergebener Devotion gegenüber Gott und seinem Kurfürsten; allein, das prometheische Idealbild der Renaissance will sich trotz aller Mühen nicht mehr einstellen, die restaurierte Gestalt bleibt verkrümmt, untertänig, der Prästabilierung bedürftig, und nur ihre eilfertige spekulative Identifikation mit dem weltlichen und himmlischen Herrscher läßt vergessen, daß ihre Physiognomie im Grunde immer noch die eines von Pikenstößen entstellten, um Almosen bettelnden Landsknechtes ist.

> Es ist erwiesen ... daß die Dinge nicht anders sein können als sie sind, denn da alles zu einem bestimmten Zweck erschaffen worden ist, muß es notwendigerweise zum besten dienen. Bekanntlich sind die Nasen zum Brillentragen da – folglich haben wir auch Brillen; die Füße sind offensichtlich zum Tragen von Schuhen eingerichtet – also haben wir Schuhwerk; die Steine sind dazu da, um behauen und zum Bau von Schlössern verwendet zu werden, und infolgedessen hat unser gnädiger Herr ein wunderschönes Schloß. ... Und da die Schweine dazu da sind, gegessen zu werden, so essen wir das ganze Jahr hindurch Schweinefleisch. Also ist es eine Dummheit zu behaupten, alles auf dieser Welt sei gut eingerichtet; man muß vielmehr sagen: alles ist aufs beste bestellt (Voltaire 1972: 11).

Diese bloßstellende Summe der Leibnizschen Lehre, die ihre Anbiederungsbereitschaft und anthropozentrische Kurzschlüssigkeit unterstreicht, stammt von dem Spötter Voltaire, der sie in *Candide oder der Optimismus* (1759) dem in der Metaphysico-theologicocosmologie bewanderten Hauslehrer Pangloß in den Mund legt. Pangloß ist mit metaphysischer Blindheit geschlagen und nicht einmal mehr willens, sich durch am eigenen Leibe erfahrenes Leid sein philosophisches Sinnsystem in Frage stellen zu lassen. Auf die Frage Candides, ob er angesichts der zugefügten Schmerzen und des erlittenen Unrechts denn nie daran gezweifelt habe, auf der besten aller möglichen Welten zu leben, antwortet er:

> Ich bin immer noch derselben Meinung, ... denn schließlich bin ich Philosoph, und es ist mir daher unmöglich, meine Worte zu widerrufen, um so weniger, als Leibniz ja nicht Unrecht haben kann und es im übrigen nichts Schöneres auf der Welt gibt als die prästabilierte Harmonie, den erfüllten Raum und die immaterielle Substanz (ebd.: 173f.).

Die burleske Komik und Vitalität, mit der in *Candide* argumentiert wird, hat sich für die pedantische Akkuratesse und mathematische Hölzernheit der Leibnizschen Konstruktion als tödlich erwiesen, weil sie ihren Popanzcharakter und das hohle Pathos aufdeckte. (Wie im übrigen der Hegelsche Weltgeist heute dastünde, hätte sich auch für die *Phänomenologie* und *Enzyklopädie* ein voltairescher Kommentator gefunden, mag man sich aus Pietätsgründen kaum auszumalen.) Trotz der sofort einsetzenden Unterdrükkungsmaßnahmen und Zensurbemühungen – Voltaires Buch wird in Genf öffentlich verbrannt, in Paris verboten und 1762 vom Vatikan auf den Index gesetzt – wird das Scheitern der Versuche eines rationalistischen Wegvernünftelns und Eskamotierens des Untiers nach den Massenvernichtungen in der ersten Hälfte des 17. Jahrhunderts mit *Candide* damit auch für das Bildungsbürgertum unübersehbar.

Es ist die Stunde der Aufklärung, des – wie Kant später formulierte – »Ausgangs des Menschen aus seiner selbstverschuldeten Unmündigkeit«, einer Unmündigkeit, die sich auch in einem ganz und gar wirklichkeitsfernen und spekulativ aufgedunsenen Selbstbild äußerte. Hinter den Projektionsschirmen und spanischen Wänden des Gottgewollten, der höheren Weisheit, des demütigen Ertragens, die jetzt die Schlachtfelder und Hinrichtungsstätten umstellten, mußte Wirklichkeit erst wieder mühsam freigelegt, sichtbar und vorurteilsfrei beschreibbar gemacht werden, denn der durchdringende Blick jenes lange vergessenen Abbé Jean Meslier (1684–1729) war selbst den Großen des »siècle des lumières« nicht immer eigen. Meslier, der vierzig Jahre lang eine Pfarrstelle unweit Sédan, jenes Ortes, an dem sich seine Einschätzung des Menschen knapp 200 Jahre später auf das grauenvollste bestätigen sollte, innehatte, war gleichwohl überzeugter Atheist, Materialist und Anarchist und wünschte in seinem *Testament* nichts sehnlicher, als daß »all die Großen der Erde und alle Adeligen mit den Gedärmen der Priester erhängt und erwürgt werden sollten« (Meslier 1976: 74), hatte sich aber gleichzeitig durch historische Erfahrung davon überzeugen müssen, daß das Reich der Freiheit wohl niemals Wirklichkeit werden würde. Der Ekel, den er gegenüber seinesgleichen und vor sich selbst und der ihm aufgezwungenen lebenslangen Maskerade empfand, ließ die idealistische Glorifizierung des Menschen ebensowenig zu wie sentimentales Mitleid mit dem Untier; was blieb, war allein der ohnmächtige Wunsch nach dem Ende, nach Widerruf des Existenzrechts dieser Kreatur:

> Ich habe soviel Bosheit in der Welt erlebt, ja selbst die vollendetste Tugend und die reinste Unschuld waren vor der Tücke der Verleumdung nicht sicher. Ich sah, und man sieht immer noch alle Tage eine Unzahl schuldlos Unglücklicher, die ohne Grund verfolgt und zu Unrecht unterdrückt werden, ohne daß jemand durch ihr Los gerührt würde oder daß barmherzige Beschützer ihnen hülfen. Die Tränen so vieler gebrochener Gerechter und das Elend so vieler von den schlechten Reichen und den Großen dieser Erde so tyrannisch unterdrückten Menschen haben mir … so großen Ekel und solche Verachtung vor dem Leben

> eingeflößt, daß ich ... den Zustand der Toten für weitaus glücklicher halte als den der Lebenden und jene, die niemals gelebt haben, für noch tausendmal glücklicher als die Lebenden, die noch immer unter solch großem Elend seufzen (ebd.: 62f.).

Zu solch prinzipieller Absage vermag sich ein Voltaire mit seinem »Ecrasez l'infâme« allenfalls gegenüber der Kirche, nicht aber gegenüber dem Menschen durchzuringen. Dabei stehen ihm die Untaten und Schrecknisse nicht minder klar vor Augen – in der *Geschichte der Reisen Scarmentados* (1756) wird eine Weltreise zur Irrfahrt durch ein Pandämonium, in dem sich die unterschiedlichen Nationen gegenseitig in rohester Menschenverachtung überbieten; in *Zadig* (1747) kommt dem Protagonisten der Mensch vor wie »Geziefer, das sich auf einem Schmutzstäubchen gegenseitig verschlingt« (Voltaire 1961: 73) und in *Babuk oder der Lauf der Welt* (1764) findet sich folgender »Augenzeugenbericht« jener Schlachten, die nach Maßgabe der Leibniz-Wolffschen Lehre aus dem unerforschlichen Ratschluß Gottes zwecks Stabilisierung der universalen Harmonie geschlagen wurden:

> Er sah, wie Soldaten ihre eigenen sterbenden Kameraden umbrachten, um ihnen ein paar blutige, zerfetzte, kotbedeckte Lumpen zu entreißen. Er ging in die Lazarette, wohin die Verwundeten gebracht wurden, von denen die meisten durch die unmenschliche Nachlässigkeit derer zugrunde gingen, die der König ... als ihre Pfleger teuer bezahlte. »Sind das Menschen«, rief Babuk aus, »oder wilde Tiere?« (ebd.: 9).

Aber Voltaire schützt sich gleichzeitig vor dem Ekel und der tiefen existenziellen Betroffenheit eines Meslier durch die Droge des Spottes und der Ironie, deren wundersam versöhnliche Wirkung wir schon von Erasmus kennen. Der Effekt ist halluzinogen; statt metaphysischer Weichzeichner liefert sie Entlastung durch Vorgabe eines gleichsam olympischen Standortes, durch eben das homerische Gelächter, in das die beiden riesenwüchsigen Reisenden von Sirius und Saturn in *Mikromegas* (1752) ausbrechen, als ihnen ein für sie nur durch die Lupe erkennbarer Thomist klarzumachen versucht, das gesamte Universum sei um des Menschen willen geschaffen worden. Diese Sicherung garantiert für den Leser Amüsement auch bei so bitteren Wahrheiten wie der Einsicht, daß hunderttausend Narren unserer Art, die Hüte tragen, hunderttausend andere Tiere umbringen, die Turbane tragen, oder von ihnen abgeschlachtet werden und daß das nahezu auf der ganzen Erde seit undenklichen Zeiten Brauch gewesen ist ... [und daß der Streit] um ein paar Schmutzhaufen [geht] ... und nicht etwa, daß ein einziger unter all diesen Millionen von Menschen, die sich niedermetzeln lassen, auch nur einen Strohhalm von diesem Schmutzhaufen forderte. Es handelt sich lediglich darum, herauszubekommen, ob er einem gewissen Manne gehören soll, der Sultan genannt wird, oder einem andern, der aus irgendeinem Grunde Caesar genannt wird. Keiner von beiden hat jemals das Fleckchen Erde gesehen, um das es geht, noch wird er es jemals zu Gesicht bekommen; und fast keins der Tiere, die sich gegenseitig töten, hat jemals das Tier erblickt, für das es sich töten läßt (ebd.: 151).

Möglicherweise ist das, was hier so leichtfüßig und frivol daherkommt, auch nur mühsam getrimmter Galgenhumor, und vielleicht tut unsere Betrachtungsweise Voltaire deshalb ein wenig unrecht. Fest steht allerdings, daß er sich außerstande sieht, den letzten radikalen Schritt zu unternehmen oder ihn, als er von einem anderen getan wird, auch nur zu begreifen. »Ich war sehr verärgert«, schreibt er in einem Brief, »daß man die Philosophie so weit getrieben hat. Dieses verfluchte Buch ›Système de la nature‹ ist eine Sünde wider die Natur.«

VIII

Was bei dem Spiritus rector der französischen Aufklärung so vehemente Ablehnung hervorruft, ist in Wahrheit epochale Synopsis und das Zuendedenken ihrer Anschauungen und Theorien und unter unserer Fragestellung eine der wichtigsten philosophischen Arbeiten der Neuzeit überhaupt: Paul Thiery d'Holbachs 1770 anonym erschienenes *System der Natur*, das in seinem militanten Materialismus als legitimer Vollstrecker und Vollender des Meslierschen *Testamentes* gelten darf.

D'Holbachs Leistung ist der gelungene Grenzübertritt vom neuzeitlichen Humanismus zum anthropofugalen Denken, das in seiner Sprache »materialistisch« heißt, die Aufkündigung der geheimen homerischen Sympathie für die von den Göttern belächelten »Irdischen« zugunsten eben jener unverwandten, affektneutralen »orbitalen« Sicht, wie sie in der Einleitung skizziert wurde. Damit haben die zahllosen Anläufe seit der antiken Stoa, die Versuche der Gattung, sich ohne anthropozentrischen oder theozentrischen Selbstbetrug, ohne das spekulative Sublimat von Eigenliebe und Eigenlob, ohne das Spiegelkabinett der Historiographie der Sieger und der Philosophie von Tributpflichtigen in den Blick zu nehmen, zum ersten Mal uneingeschränkt Erfolg. D'Holbach erkennt den naturwüchsigen Selbstbezug und Selbstbetrug, dem die Gattung ihr Überleben und ihren evolutionären Fortschritt verdankt:

> Der Mensch macht sich notwendigerweise zum Mittelpunkt der gesamten Natur; er kann die Dinge in der Tat nur nach der Art und Weise beurteilen, wie er selbst von ihnen affiziert wird; er kann nur das lieben, was er für sein Dasein als vorteilhaft erachtet; er haßt und fürchtet notwendigerweise alles, wodurch er leiden muß; schließlich bezeichnet er ... alles das als Unordnung, was seine Maschine stört, und er glaubt, alles sei »in Ordnung«, sobald ihm nichts widerfährt, was seiner Existenzweise nicht entspräche. Diesen Ideen zufolge mußte das Menschengeschlecht notwendig zu der Überzeugung gelangen, daß die gesamte Natur allein seinetwegen geschaffen worden sei, daß sie bei all ihren Werken nur den Menschen allein im Auge habe oder vielmehr daß es die mächtigen Ursachen, denen die Natur un-

tertan sei, in allen Wirkungen, die sie im Universum hervorbringen, nur auf den Menschen abgesehen hätten (D'Holbach 1978: 312).

Und er entdeckt zugleich den einzig möglichen Fluchtweg aus dem Gefängnis des Gattungsnarzißmus, nämlich die philosophische Erinnerung an das urtümlich mythologische Bewußtsein, daß wir Fremde, Ausgestoßene, daß wir die Parias der Schöpfung sind, weil wir als einzige spüren, daß das Organische nichts ist als ein großes wechselseitiges Würgen und Verschlingen, ein Einverleiben ohne Ende, ohne Sinn, ohne Ziel:

> Scheint der Eroberer seine Schlachten nicht für die Raben, für die wilden Tiere und die Würmer zu schlagen? Sterben die angeblichen Günstlinge der Vorsehung nicht, um Tausenden von verächtlichen Insekten, für die die Vorsehung ebenso zu sorgen scheint wie für uns, als Nahrung zu dienen? Der Haifisch freut sich über den Sturm und tummelt sich auf den hohen Wellen, während der Matrose auf dem Wrack des zerschellten Schiffes seine zitternden Hände zum Himmel emporhebt. Wir sehen, daß sich die Wesen in einem ständigen Kriege befinden, und jedes sucht auf Kosten des anderen zu leben und aus dem Mißgeschick Nutzen zu ziehen, das sie alle heimsucht und zerstört. Betrachten wir die Natur in ihrer Gesamtheit, so zeigt sich, daß alle Dinge ... entstehen, um unterzugehen, daß sie dauernden Wechselfällen ausgesetzt sind, denen sich kein einziges entziehen kann. Ein sehr flüchtiger Blick genügt also, um uns darüber zu belehren, daß die Idee falsch ist, nach der der Mensch die *Endursache* der Schöpfung und der beständige Gegenstand der Tätigkeit der Natur ... ist (ebd.: 452).

Die Abkehr von einem teleologischen Naturbegriff bedeutet damit zugleich Abschied von einer Seinspyramide, deren Sockel das Anorganische bildet und die über die Stufungen des Pflanzlichen und Tierischen als sich zum Menschen aufgipfelnd gedacht wird. Statt als unüberholbare und unverlierbare Krone der Schöpfung zu gelten, sinkt das Untier in den Überlebenskampf und die Konkurrenz alles Seienden zurück, wird endlich und in dieser Endlichkeit aus einer fiktiven Retrospektive erstmals als nicht mehr existent, als ausgestorben und fossil, philosophisch *vorstellbar*:

> Welche Ungereimtheit oder welche Inkonsequenz liegt denn in der Vorstellung, daß der Mensch, das Tier, der Fisch, der Vogel einst nicht mehr sein werden? Sind diese Geschöpfe denn für die Natur eine unerläßliche Notwendigkeit, und könnte sie ohne diese Geschöpfe ihren ewigen Gang nicht verfolgen? ... Sonnen erlöschen und verkrusten, Planeten werden zerstört und zerstreuen sich in dem weiten Weltraum; andere Sonnen entzünden sich, neue Planeten bilden sich, um ihre Umdrehungen auszuführen oder um neue Bahnen zu beschreiben, und der Mensch, ein unendlich kleiner Teil des Erdballs, der in der unermeßlichen Weite nur ein unendlicher Punkt ist, glaubt, daß das Universum für ihn gemacht sei, bildet sich ein, daß er der Vertraute der Natur sein müsse, schmeichelt sich, ewig zu sein, und nennt sich König des Universums! (ebd.: 80).

Dieser anthropofugale Blickwinkel und d'Holbachs darwinistische Erkenntnisse vorwegnehmende Einschätzung des Untiers als naturgeschichtlich überholbares »Eintagswesen« (ebd.) ist trotz der geschilderten Vorarbeiten eine gedankliche Pionierleistung, die in der Geschichte der Philosophie nicht mehr ungeschehen zu machen war, weil sie Vernunft als Verklärungs- und Selbsttäuschungsmedium ersetzte durch eine neue und selbstkritische Verständigkeit, die sich neben ihrer Fehlbarkeit jetzt auch ihre eigene Sterblichkeit einzugestehen vermochte und auf die Anmaßung der Teilhabe an göttlichem Allwissen oder einer ewigen spirituellen Substanz Verzicht leistete.

Während sich an der kulturellen Peripherie, in der Abgeschiedenheit des ostpreußischen Königsberg, Immanuel Kant mit seiner *Kritik der reinen Vernunft* (1781) ganz im Sinne des d'Holbachschen Skeptizismus daran macht, die Grenzen möglicher Erkenntnis abzustecken und metaphysische Sätze in den Bereich des Glaubens oder des hoffnungslos Aporetischen auszulagern, kommt es unter den französischen Aufklärern selbst zu wiederholten Versuchen, den Desillusionismus des *Systems der Natur* abzuschwächen oder ihn – wir erinnern uns an Voltaires Kommentar – als überspitzt und fehlerhaft abzutun. Man konstruiert in diesem Zusammenhang – wie Condorcet – in seinem *Tableau historique des progrès de l'esprit humain* (1794) eine säkulare Metaphysik des unendlichen Fortschritts oder – wie Rousseau – ihre gleichsam seitenverkehrte Kopie, eine bußfertige Zivilisationskritik, um so das Destillat des jüdisch-christlichen Auserwähltheitsbewußtseins und seiner Heilserwartungen zu retten und sich eben der Sonderstellung des Menschen im Kosmos zu versichern, die d'Holbach so hartnäckig leugnete.

Diese »Aufklärung« war der Aufklärung nicht gewachsen. Statt von der ontologischen Exzentrizität des Untiers und dem ständigen katastrophalen Scheitern seiner Selbstentwürfe her zu denken, sieht der anthropozentrische Revisionismus in hoffnungslosem Selbstbetrug wieder einmal die Aurora eines neuen Zeitalters heraufziehen und beeilt sich, den jetzt bürgerlichen Prometheus des tiers état mit den ihm gemäßen Standestugenden der Freiheit, Gleichheit, Brüderlichkeit auszustatten. Es kommt, wie es kommen muß. Das Untier begreift im Augenblick, daß es fürderhin nicht mehr nur für Gott und Vaterland, sondern unter dem Feldzeichen der Menschenrechte und mithin unter dem Generalpardon höchster Ideale wird wüten, brandschatzen und morden dürfen, zieht flugs die Trikolore auf, macht sich besten Gewissens an die Dezimierung seiner Landsleute und wenig später unter der Führung eines zwergenhaften Korsen an die Verheerung ganz Europas.

Der guillotinierende Patriotismus und die guillotinierte Rechtschaffenheit der Französischen Revolution hätte, so möchte man meinen, doch endlich den Anachronismus humanistischer und philanthropischer Spekulation, die Notwendigkeit der Aufnahme der d'Holbachschen Thesen und das Desiderat einer Anthropologie der Distanz mit unmißverständlichem Nachdruck vor Augen führen müssen. Aber weit gefehlt; die Lernbereitschaft der Philosophie erwies sich wie nach dem Germanensturm, wie nach den Exzessen des Mittelalters, wie nach den Greueln des Dreißigjährigen Krieges erneut als überfordert. Man hatte es doch gut gemeint, das Beste der Menschheit im Auge gehabt, Patentrezepte der Emanzipation entwickelt und *Briefe zur Beförderung der Humanität* verfaßt. Angesichts der praktischen Perversion dieser doch so klaren Handreichungen und Maximen zog man sich in den philosophischen Schmollwinkel zurück; daß der aufgeklärte Humanismus an der Fehlerhaftigkeit seines eigenen Menschenbildes gescheitert war, wollte man nicht wahrhaben. Die Theorie war rein und makellos, und wenn sie gewissenlose Heißsporne befleckt und als Deckmantel für ihre üblen Machenschaften benutzt hatten, so mußte man sich in

Zukunft eben aus den Niederungen politischen Handelns heraushalten. Als infolge der napoleonischen Eroberungspolitik und der anschließenden Befreiungskriege alles in Stücke geht und später die Metternichsche Restauration mit Karlsbader Beschlüssen und Demagogenverfolgung für Ruhe in den Ruinen sorgt, raunt ein Schelling von Urgrund und der polaren Ausfaltung der Natur, hält ein Hegel Zwiesprache mit dem Weltgeist, dem bar aller empirischen Erfahrung Weltgeschichte Fortschritt zur Freiheit ist, predigt ein Wilhelm von Humboldt, ein Friedrich Schleiermacher ohne Rücksicht auf »beiherspielende« Wirklichkeit Humanität und sittliche Persönlichkeitsentfaltung.

IX

Allen geistes- und philosophiegeschichtlichen Elogen zum Trotz – der deutsche Idealismus und sein gespreizter Umgang mit dem Absoluten war ein philosophischer Irrweg sondergleichen, und seine Vertreter, die sich Vollender der abendländischen Geistesgeschichte und Künder letzter Wahrheiten dünkten, haben sich vergangen an ihrem Metier und den eigenen z.T. überragenden intellektuellen Anlagen. Nur einer ihrer Generation hat sich dem falschen Trost einer Philosophie des dialektischen Glasperlenspiels und der sich in apriorischen Weltsystemen versponnen abspiegelnden Selbsterhöhung entzogen, seine Verweigerung mit dem Ruin einer vielversprechenden akademischen Karriere bezahlt und doch über einen genialen Gegenentwurf zugleich nachhaltig demonstriert, was ein Fichte, ein Schelling, ein Hegel ohne den Star des Anthropozentrismus hätten leisten können.

Die Rede ist von Arthur Schopenhauer, der in seinem Hauptwerk *Die Welt als Wille und Vorstellung* gleichsam die philosophische Syntax und Grammatik, die Architektur des spekulativen Idealismus benutzt und doch zu ganz unvereinbaren und im d'Holbachschen Sinne aufgeklärten Resultaten gelangt; ja, d'Holbachs Einsicht in die widerspruchsfreie Denkbarkeit einer menschenleeren Welt überholt durch den Nachweis ihrer Wünschbarkeit. In radikaler Opposition etwa zu Hegels *Phänomenologie* basiert Schopenhauers Lehre auf unmittelbarer, ungefilterter und nicht schon durch philosophische Sinnansprüche zensierter Wirklichkeitserfahrung, d.h. auf der Wahrnehmung eines sich perpetuierenden, aufschaukelnden, keiner Rechtfertigung zugänglichen und bedürftigen Leidens. Bei Hegel ist Leiden als »unglückliches Bewußtsein«, als Resultat des »Wahnsinns des Eigendünkels«, als Selbsterfahrung der »schönen Seele« Sanktion falschen Denkens, schmerzliche Erinnerung an den Abstand zum absoluten Wissen, Abfallprodukt historischer Fehlentwicklungen; seine Spekulation kümmert sich im Wortsinn einen Dreck um das wimmernde, das brüllende Fleisch, die Tonnen von Menschenaas, die der Weltgeist bei jedem Schritt vorwärts hinter sich läßt, um die Völker und Nationen, die als »bewußtlose Werkzeuge« (Hegel 1968: 316) nach Gebrauch am Wege zurückbleiben und denen Hegel bescheinigt, sie seien fortan »rechtlos« und »zählen nicht mehr in der Weltgeschichte« (ebd.: 317). Historie als »Schlachtbank« (Hegel 1970: 35), das ist ihm bloßes Phantom eines »subjektiven Tadelns« (ebd.: 53), Ausgeburt der Krittelsucht derer, die sich in ihrer Statistenrolle nicht bescheiden wollen und denen deshalb die höchste philosophische Einsicht abgeht,

> daß die wirkliche Welt ist, wie sie sein soll, daß das wahrhafte Gute, die allgemeine göttliche Vernunft auch die Macht ist, sich selbst zu vollbringen. Dieses Gute, diese Vernunft in ihrer konkretesten Vorstellung ist Gott. Gott regiert die Welt, der Inhalt seiner Regierung, die Vollführung seines Plans ist die Weltgeschichte. Diesen will die Philosophie erfassen; denn nur, was aus ihm vollführt wird, hat Wirklichkeit, was ihm nicht gemäß ist, ist nur faule Existenz (ebd.: 53).

Schopenhauer ist nicht müde geworden, diesen Rückfall in die Leibnizsche Theodizee und das Abtun des Leidens an und in der Geschichte als »unwirklich« und »faul« zu geißeln und den über Leichen gehenden geschichtsphilosophischen Optimismus »nicht bloß als eine absurde, sondern als eine wahrhaft *ruchlose* Denkungsart . . ., als einen bitteren Hohn über die namenlosen Leiden der Menschheit« (Schopenhauer 1977 II: 408) anzuprangern. Leben, zumal menschliches Leben, ist Qual, und diese seine Grundeigenschaft kann kein philosophisches System hinwegdisputieren:

> Dieser Welt, diesem Tummelplatz gequälter und geängstigter Wesen, welche nur dadurch bestehen, daß eines das andere verzehrt, wo daher jedes reißende Tier das lebendige Grab tausend anderer und seine Selbsterhaltung eine Kette von Martertoden ist, wo sodann mit der Erkenntnis die Fähigkeit, Schmerz zu empfinden, wächst, welche dadurch im Menschen ihren höchsten Grad erreicht und einen um so höheren, je intelligenter er ist – dieser Welt hat man das System des Optimismus anpassen und sie uns als die beste unter den möglichen andemonstrieren wollen. Die Absurdität ist schreiend. – Inzwischen heißt ein Optimist mich die Augen öffnen und hineinsehen in die Welt, wie sie so schön sei, im Sonnenschein, mit ihren Bergen, Tälern, Strömen, Pflanzen, Tieren usw. – Aber ist denn die Welt ein Guckkasten? Zu sehen sind diese Dinge freilich schön, aber sie zu sein ist etwas ganz anderes (Schopenhauer 1966: 159).

Alles Existierende ist nach Schopenhauer Objektivation eines grundlosen und vorvernünftigen Willens, verdankt sich einem zwanghaften und blindwütigen Lebensdrang, dem wahnwitzigen Gebärenmüssen von Organischem, das, sobald es ins Leben getreten ist, übereinander herzufallen beginnt, um sich eben dieses Leben für Augenblicke zu erhalten. Und das Untier macht keine Ausnahme, steigert sich vielmehr schon gattungsimmanent in die Krämpfe und Konvulsionen, in die delirierende Agonie des sich zerfleischenden Vitalen:

> Versucht man, die Gesamtheit der Menschenwelt in einem Blick zusammenzufassen; so erblickt man überall einen rastlosen Kampf, ein gewaltiges Ringen, mit Anstrengung aller Körper- und Geisteskräfte, um Leben und Dasein, drohenden und jeden Augenblick treffenden Gefahren gegenüber. – Und betrachtet man dann den Preis, dem alles dieses gilt, das Dasein und Leben selbst; so findet man einige Zwischenräume schmerzloser Existenz, auf welche sogleich die Langeweile Angriff macht, und welche neue Not schnell beendigt (Schopenhauer 1977 IX: 311).

Ein Sinn oder Ziel der Gattungsgeschichte ist vor diesem Hintergrund ebensowenig auszumachen wie eine Begründung der je individuellen menschlichen Existenz, von der in der großen Mehrzahl der Fälle gilt:

> Es ist ein mattes Sehnen und Quälen, ein träumerisches Taumeln durch die vier Lebensalter hindurch zum Tode, unter Begleitung einer Reihe trivialer Gedanken. Sie gleichen Uhrwerken, welche aufgezogen werden und gehen, ohne zu wissen warum; und jedes Mal, daß ein Mensch gezeugt und geboren worden, ist die Uhr des Menschenlebens aufs Neue aufgezogen, um jetzt ihr schon zahllose Male abgespieltes Leierstück abermals zu wiederholen, Satz vor Satz und Takt vor Takt, mit unbedeutenden Variationen (Schopenhauer 1977 II: 402).

Und doch leiden schon diese Schatten, diese biologischen Multipel mit einer grauenvollen dumpfen Intensität, die kein Tier zu empfinden in der Lage ist, mit einer Heftigkeit, die gleichwohl bei denen, die ihr Erkenntnisvermögen nicht bereitwillig den schalen Tröstungen der Religion oder einer optimistischen Weltanschauung opfern, noch eine nachhaltige Steigerung erfährt. Gerade die philosophische Reflexion ist deshalb bei Schopenhauer immer auch qualvolles Denken, weil sie den »angeborenen Irrtum ... daß wir da sind, um glücklich zu sein« (Schopenhauer 1966: 163) aufklärt und die menschliche Existenz als »eine Art Verirrung«, als »Fehltritt« (Schopenhauer 1977 IX: 311), »Mystifikation« und »Prellerei« (ebd.: 325) enthüllt.

Mit der bloßen Vorstellbarkeit der Menschheitsdämmerung kann sich Schopenhauer, dem Leiden damit zum zentralen und universalen philosophischen Datum geworden ist, im Gegensatz zu d'Holbach und seinem angesichts des Befundes perennierender Qual noch weitgehend indifferenten Materialismus nicht mehr zufriedengeben. Sein anthropofugaler Standpunkt hat deshalb nicht mehr Hypothesen-, sondern Forderungscharakter:

> Demnach ist allerdings das Dasein anzusehen als eine Verirrung, von welcher zurückkommen Erlösung ist ... Als Zweck unseres Daseins ist in der Tat nichts anderes anzugeben als die Erkenntnis, daß wir besser nicht da wären. Dies aber ist die wichtigste aller Wahrheiten, die daher ausgesprochen werden muß; so sehr sie auch mit der heutigen europäischen Denkweise in Kontrast steht (Schopenhauer 1966: 162f.).

Man könnte den entscheidenden Satz, »daß wir besser nicht da wären«, ein apodiktisches Postulat nennen, denn Schopenhauer will es ja nicht bei der Gewißheit bewenden lassen, daß Leiden der Preis des Daseins sei und die Nichtexistenz somit insbesondere bei einsichtsfähigen Wesen, die die Insubstantialität und das Blendnerische des Lebensköders Glück zu durchschauen vermögen, in jedem Fall dem schmerzgetönten Dasein vorzuziehen sei, sondern er leitet daraus pragmatische Konsequenzen, Handlungs- und Verhaltensanweisung ab. Jeweils für sich und in seiner individuellen Existenz soll der den schönen Schein blühenden Lebens durchschauende Weise das rastlose Wollen verneinen und brechen. Als Quietive des Willens gelten in diesem Sinne ästhetische Kontemplation, das Mitleiden mit der geschundenen Kreatur, sei es Mensch oder Tier, und schließlich die philosophische Aufhebung des principium individuationis, d.h. die Reduktion der kaleidoskophaften Vielfalt des Seienden auf »das Ding an sich«, den blinden Weltwillen. Erfolg solcher Bemühungen ist eine gleichsam indignierte Resignation – »der Wille wendet sich nunmehr vom Leben ab: ihn schaudert jetzt vor dessen Genüssen, in denen er die Bejahung desselben erkennt« (Schopenhauer 1977 II: 470) – eine Willenlosigkeit und freiwillige Entsagung, die ihre Vollendung in der Askese findet:

> Sein Wille wendet sich, bejaht nicht mehr sein eigenes, sich in der Erscheinung spiegelndes Wesen, sondern verneint es. Das Phänomen, wodurch dieses sich kundgibt, ist der Übergang von der Tugend zur Askesis. Nämlich es genügt ihm nicht mehr, andere sich selbst gleich zu lieben und für sie soviel zu tun, wie für sich, sondern es entsteht in ihm eine Abscheu vor dem Wesen, dessen Ausdruck seine eigene Erscheinung ist, dem Willen zum Leben, dem Kern und Wesen jener als jammervoll erkannten Welt. Er verleugnet daher eben dieses in ihm erscheinende und schon durch seinen Leib ausgedrückte Wesen, und sein Tun straft jetzt seine Erscheinung Lügen, tritt in offenen Widerspruch mit derselben. Wesentlich nichts Anderes, als Erscheinung des Willens, hört er auf, irgend etwas zu wollen, hütet sich seinen Willen an irgend etwas zu hängen, sucht die größte Gleichgültigkeit gegen alle Dinge in sich zu befestigen (ebd.: 470f.).

Schopenhauer lehnt bekanntlich die auf den ersten Blick konsequenteste und radikalste persönliche Umsetzung der Einsicht, daß die Nichtexistenz der leidvollen Existenz überlegen sei, den Selbstmord nämlich, als verdeckte Form der Bejahung des Lebenswillens [5] ab. Zudem negiere der Selbstmörder immer nur das Individuum, nie die Gattung, so daß der Wille zum Leben als »Ding an sich ungestört stehen bleibt, wie der Regenbogen feststeht, so schnell auch die Tropfen, welche im Augenblicke seine Träger sind, wechseln« (ebd.: 493). Eben dieser Hinweis auf die Irrelevanz personaler Entscheidungen, den er an anderer Stelle einmal in einer erinnerungswürdigen kosmischen Metapher wiederholt:

[5] Schopenhauer argumentiert dabei in *Die Welt als Wille und Vorstellung* so: »Weit entfernt Verneinung des Willens zu sein, ist dieser [der Selbstmord] ein Phänomen starker Bejahung des Willens. Denn die Verneinung hat ihr Wesen nicht darin, daß man die Leiden, sondern daß man die Genüsse des Lebens verabscheuet. Der Selbstmörder will das Leben und ist bloß mit den Bedingungen unzufrieden, unter denen es ihm geworden. Daher gibt er keineswegs den Willen zum Leben auf, sondern bloß das Leben, indem er die einzelne Erscheinung zerstört« (Schopenhauer 1977 II: 492).

> Die Erde wälzt sich vom Tage in die Nacht; das Individuum stirbt: aber die Sonne selbst brennt ohne Unterlaß ewigen Mittag. Dem Willen zum Leben ist das Leben gewiß (ebd.: 354),

aber muß auch dem als Alternative zur Selbsttötung propagierten Ideal der Askese, das schließlich nicht minder *individuell* gelebt wird, alle Überzeugungskraft nehmen, wie denn überhaupt Schopenhauers Anleihen an indische und insbesondere brahmanische Vorstellungen, an Seelenwanderung, Karma und das als Existenzziel genannte Verlöschen im Nirwana, eher aufgesetzt und als Ausdruck uneingestandener philosophischer Ratlosigkeit denn als folgerichtiger und organischer Bestandteil seines Systems erscheinen.

X

Niemand hat diesen Bruch eines Denkens, dem Leben kollektives Leiden bedeutete, das aber, um diesem Leiden abzuhelfen, nur völlig unzulängliche partikulare Mittel vorzuschlagen wußte und dabei auf die bewährten Narkotika fernöstlicher Mystik verfiel, klarer gesehen als der in seiner *Philosophie des Unbewußten* (1869) an Schopenhauer anknüpfende Ex-Offizier und Privatgelehrte Eduard von Hartmann – und niemand hat sich die Ohnmacht einer spekulativen Phantasie nüchterner eingestanden, die im präatomaren 19. Jahrhundert von der Frage, wie denn konkret auch nur die leidvolle menschliche Existenz in globalem Maßstab sollte aufgehoben werden können, schlicht überfordert blieb.

Hartmann kommentiert die Erlösungsvorstellung Schopenhauers und sein Konzept der individuellen Negation des Willens zum Leben wie folgt:

> Es liegt aber auf der Hand, daß diese Annahme mit den Grundgedanken *Schopenhauers* ganz unvereinbar ist. Denn der Wille ist ihm ja ... das all-einige Wesen der Welt, und das Individuum nur subjektiver Schein. Wie soll diesem da die Möglichkeit zustehen, seinen individuellen Willen als Ganzes nicht bloß theoretisch, sondern auch praktisch zu verneinen, da sein individuelles Wollen doch nur ein Strahl jenes all-einigen Willens ist. ... Darum ist das Streben nach *individueller* Willensverneinung *ebenso töricht und nutzlos*, ja noch törichter als der *Selbstmord*, weil es langsamer und qualvoller doch nur dasselbe *erreicht*: Aufhebung *dieser* Erscheinung, ohne das Wesen zu berühren, das für jede aufgehobene Individualerscheinung sich unaufhörlich in neuen Individuen darstellt und objektiviert (v. Hartmann 1913 II: 219f.).

Gerade weil er den Schopenhauerschen Pessimismus als totalen und totalitären ernstnimmt und mit seinem Lehrer bekennt, die Welt sei »eine Hölle, welche die des Dante dadurch übertrifft, daß einer der Teufel des andern sein muß« (Schopenhauer 1966: 159), kann sich Hartmann mit dessen halbherzigem asketischen Meliorismus nicht zufriedengeben. Wo das Leiden allumfassend und das

Glück immer Illusion ist – Hartmann seziert die vielgestaltigen Phantasmata eines diesseitigen, jenseitigen und zukünftigen Glücks über fast fünfzig Seiten –, da muß auch die Erlösung allumfassend und damit Ergebnis nicht eines individuellen, sondern eines kollektiven Aktes sein. Das den Weltprozeß tragende und in seiner Elendigkeit fortzeugende absolute Unbewußte ist nicht sukzessive und Stück für Stück, sondern nur als Ganzes in einem gleichsam eruptiven Akt apokalyptischer Auflehnung des Bewußtseins aufzuheben:

> Für den, der den Begriff der Entwicklung gefaßt hat, kann es nicht zweifelhaft sein, daß das Ende des Kampfes zwischen dem Bewußtsein und dem Willen ... nur am *Ziele* der Entwicklung, am *Ausgang* des Weltprozesses liegen kann. Und für den, der vor allem an der *All-Einheit* des Unbewußten festhält, ist die Erlösung, die Umwendung des Wollens ins Nichtwollen, auch nur als *all-einiger* Akt, nicht als individuelle, sondern nur als kosmisch-universale Willensverneinung zu denken: als der Akt, der das Ende des Prozesses bildet, als der *jüngste Augenblick, nach* welchem kein Wollen, keine Tätigkeit, und »keine Zeit mehr sein wird« (v. Hartmann 1913 II: 220).

Hartmanns Schlußfolgerung ist nunmehr widerspruchsfrei und als Korrektur des Schopenhauerschen Lösungsvorschlags überzeugend. Als es aber darum geht, das letzte Glied einer abstrakten Deduktionskette zu veranschaulichen, ein Postulat visionär vorwegzunehmen und die Frage zu beantworten, »*auf welche Weise* das Ende des Weltprozesses: die Aufhebung alles Wollens ins absolute Nichtwollen, mit dem bekanntlich alles sogenannte Dasein (Organisation, Materie usw.) *eo ipso* verschwindet und aufhört, zu denken sei« (ebd.: 222), versagt Hartmanns Vorstellungskraft; und er ist aufrichtig genug, sich und seinen Lesern dieses Scheitern einzugestehen. Immerhin denkmöglich scheint ihm eine Terminierung durch gemeinsame Willensanstrengung aller bewußten menschlichen Einzelgeister; gleichwohl versäumt er nicht hinzuzufügen:

> Indes sind unsere Kenntnisse viel zu unvollkommen, unsere Erfahrungen zu kurz und die möglichen Analogien zu mangelhaft, um uns auch *nur mit einiger* Sicherheit von jenem Ende des Prozesses eine Vorstellung bilden zu können (ebd.).

Bis zur Revokation der Schöpfung rechnete Hartmann noch mit Jahrhunderten, wenn nicht gar – wie ein Hinweis auf das Entropiegesetz nahelegt – mit kosmischen Zeiträumen. Daß die unserer Gattung am 6. 8. 1945 über Hiroshima, am 9. 8. über Nagasaki aufgesetzten Lichter und die anschließenden waffentechnologischen Bravourleistungen des Untiers einer apokalyptischen Phantasie in weniger als drei Generationen auf die Sprünge helfen würden, hat er sich ebensowenig ausmalen können wie die Tatsache, daß wenn schon nicht der Welt-, so doch der Erduntergang gegen Ende des 20. Jahrhunderts in militärischen Planspielen und Computersimulationen bereits tausendfach Generalprobe gefeiert haben würde und die letzte globale Tathandlung des homo sapiens, »die Aufhebung allen Wollens ins absolute Nichtwollen« deshalb mit der mühelosen Geschicklichkeit und lässigen Präzision des Routiniers ablaufen dürfte, derer unsere bisherige Karriere auf diesem Planeten in so schmerzlicher Weise ermangelt.

XI

Nach einer über zweitausendjährigen spekulativen Odyssee ist die Philosophie mit Schopenhauer und Hartmann zu der ursprünglichen Gewißheit des Mythos zurückgekehrt, daß wir Parias und Entartete der Schöpfung sind, eine evolutive Fehlform, die sich in einem Spasmus der Vernichtung selbst ad absurdum führen und zurücknehmen wird. Die Wahrheit des anthropofugalen Denkens ist damit eine so einfache und sinnfällige, daß es fast unverständlich wird, wie sie überhaupt verloren gehen konnte – und in der Tat gibt es eine Form der Erkenntnis, die im Gegensatz zur philosophischen Reflexion die Erinnerung, daß wir besser nicht wären, gegen die Zeitläufe bewahrt und ihr niemals abgeschworen hat, die Kunst nämlich, mit der wir uns an anderer Stelle beschäftigen werden.

Allerdings kann die exponierte Stellung beider Denker in der Geschichte einer Philosophie der Distanz und Menschenflucht nicht darüber hinwegtäuschen, daß zwar ihre zentrale Einsicht in die Notwendigkeit der Selbsterlösung des Untiers, die tendenziell auf Aufhebung allen organischen Leidens überhaupt abzielt, den Charakter eines unumstößlichen Axioms besitzt, hinter das nicht mehr zurückzufallen ist, daß die konkrete Formulierung des »hard core« aber zeitgebunden und im Gewande des spekulativen Idealismus des frühen 19. Jahrhunderts erfolgte und deshalb keineswegs als sakrosankt gelten kann. Die Hypothese eines Weltwillens oder absoluten Unbewußten ist dem metaphysikfeindlichen 20. Jahrhundert ebenso suspekt wie der solipsistisch-phänomenalistische Tenor der erkenntnistheoretischen Ausführungen Schopenhauers, und beides mag man getrost als überholt ad acta legen. Wozu gleichsam hegelianisch einen Welt-Ungeist hypostasieren, wenn Mythos und Kataklysmus-Phantasien, vor allem aber die blutigen Annalen der Weltgeschichte die ganz unmetaphysische Tatsache bekunden, daß sich »die Menschheit ... nach dem Nichts, nach Vernichtung [sehnt]« (v. Hartmann 1913 II: 215), wozu noch Meditation und Askese propagieren oder wie Hartmann über geheimnisvoll-spiritistische Methoden zur kollektiven Stillstellung des Seins nachsinnen, wenn in den Bunkern, auf Startrampen und in U-Bootschächten seit Jahren weit verläßlichere und nach vertrauten physikalischen Gesetzen funktionierende Instrumentarien zu Gebote stehen.

Umgeben von den wohlgefüllten, wohlgewarteten Arsenalen der Endlösung, im begründeten Vertrauen auf die angesparten Overkill-Kapazitäten und die schon in Greifweite liegenden Technologien zur Pasteurisierung der gesamten Biosphäre, ausgestattet mit den Erfahrungen des Ersten und Zweiten Vorbereitungskrieges, massenmedial durchkonditioniert und auf die Gestaltwerdung brueghelscher Höllenfahrten und eines planetarischen Totentanzes mit Fleiß vorbereitet, haben wir Letztgeborenen naturgemäß leicht kritisieren gegenüber Denkern, die statt über unmittelbare Anschauung nur über deren metaphysische Surrogate, über die Hilfskonstruktionen idealistischer Einbildungen verfügten, in denen selbst das undenkbar war, was heute als überholte Waffengeneration schon wieder zur Ausmusterung ansteht. Tadeln wir also mit Rücksicht und Bedacht und sehen wir dem anthropofugalen Denken eines Arthur Schopenhauer und Eduard von Hartmann nach, daß sie bei aller Brillanz zwar die Aufgabe definierten, das geeignete Bewältigungsverfahren aber noch nicht entdecken konnten, wenngleich im nachhinein die Lösung nicht weniger augenfällig scheint als ihr simpler philosophischer Imperativ: »Das Leiden muß ein Ende haben!«

Skizziert nun wird der einzig gangbare Weg zur Erfüllung dieses Postulats schon 1820, also ein Jahr nach Erscheinen der *Welt als Wille und Vorstellung,* in den *Soirées de Saint-Petersburg* des französischen Philosophen und Staatsministers Joseph Marie Comte de Maistre, dessen erzreaktionär-klerikale Gesinnung ihn gleichwohl zu einer Einsicht befähigte, zu der sich das weniger bornierte Denken des 20. Jahrhunderts mit wenigen Ausnahmen immer noch nicht ermannt hat, nämlich:

> Es ist dem Menschen aufbehalten den Menschen zu erwürgen. ... Der Krieg ist es, der das *Urtheil* vollstrecken wird. – Hören Sie nicht, wie die *Erde* schreit und Blut verlangt? Das Blut der Thiere genügt ihr nicht, auch nicht das Blut der Schuldigen, welches von dem Schwerdte der Gesetze vergossen wird. ... So geht, von der Milbe bis zum Menschen, ohne Unterlaß das große Gesetz der gewaltsamen Zerstörung aller lebendigen Wesen in Erfüllung. Die ganze Erde, immerfort mit Blut getränkt, ist nur ein unermeßlicher Altar, auf welchem alles, was lebt, ohne Ende, ohne Maß, ohne Unterlaß, bis zur Vollendung der Dinge ... geopfert werden muß. ... Der Krieg ist also göttlich an sich (de Maistre 1825 II: 31ff.).

Seit das Untier existiert, hat es im Kriege gestanden gegen sich selbst und mit Faustkeil und Schwert, mit Armbrust und Gewehr, mit Streitwagen und Raketenwerfern das Unheil, das es den Unbilden der Natur verdankt, immer noch mühelos durch selbstbewirktes zu übertreffen gewußt. All die endlosen und bis zur Erschöpfung durchfochtenen Schlachten, all das Bombardieren, Sprengen und Schleifen, all die Harnischtürme, Schrotthaufen und Schädelpyramiden, die die wütenden Heere wie Strandgut zurückließen, aber sind nicht verloren. Weit entfernt davon, Ausdruck und Mahnmal fehlgeleiteter Verteidigungsbereitschaft, mißbrauchter Vaterlandsliebe oder eines beklagenswerten Aggressionstriebs zu sein, enthüllen sie sich einer anthropofugalen Vernunft als Übungen, Vorbereitungen, Exerzitien. Wenn das Untier auch nur den geringsten Grund zum Stolz hätte, dann knüpfte er sich nicht an die Aufbauleistungen von Zivilisationen, sondern an den sprühenden Erfindungsreichtum bei der Entwicklung von Mitteln und Wegen zu ihrer nachhaltigen Beseitigung. Imposant ist allein die verbissene Hartnäckigkeit, mit der Waffen entwickelt, im Einsatz erprobt, verbessert und durch neue wirksamere ersetzt werden – und wenn das Konzept des Fortschritts jenseits der bloßen Ersatz-Eschatologie überhaupt Sinn und ein fundamentum in re besitzt, dann ist dieses Fundament in den Pionierleistungen der Militärtechnologie zu entdecken. Sind nicht alle anderen Kreaturen bei Gift und Stachel, bei Klaue, Zahn und Horn stehengeblieben? Und welches vernünftige Wesen hätte sich nicht mit dem Stock zufriedengegeben, um sich seines zudringlichen Nächsten zu erwehren? Nicht so das Untier. Unter Hintanstellung von Frieden und Freundschaft, von Liebe und Leben hat es sich der Vervollkommnung jener Wehrhaftigkeit verschrieben, die ihm die Natur so nachdrücklich verweigert. Mit höchster Hingabe hat es die Erde von seinen bescheidenen Anfängen in jenem Geröllfeld an, wo es sich die ersten Waffen zurechtschlug, über einen vieltausendjährigen mühevollen Aufrüstungsprozeß in eine einzige Waffenschmiede verwandelt, Gattungsgeschichte aus dem dumpfen Idyll des Primitiven, des Sammelns und Seins, befreit und sie in ein rücksichtsloses Turnier, eine Spartakiade der Blitzkriege und Völkerschlachten, ein unerschöpfliches Lernfeld für Eroberer, Demagogen und Machtpolitiker verwandelt. Nicht ein Jahrzehnt des Ausruhens, der Rast und des völligen Friedens hat sich das Untier in der von der Geschichtsschreibung erschlossenen Zeitspanne seit der Antike gegönnt, sondern waffenklirrend Schritt vor Schritt gesetzt, Hieb um Hieb geführt, als Lohn für die selbstlos dem militärischen Fortschritt dienenden Legionen Grab um Grab geschaufelt und damit jener Maxime die Ehre gegeben, die Friedrich Nietzsche im *Zarathustra* in die Sätze kleidete:

> Ihr sollt den Frieden lieben als Mittel zu neuen Kriegen. Und den kurzen Frieden mehr als den langen. ... Ihr sagt, die gute Sache sei es, die sogar den Krieg heilige? Ich sage euch: der gute Krieg ist es, der jede Sache heiligt (Nietzsche 1967 I: 575).

Nietzsche und de Maistre haben recht. Dem Untier ist der Krieg heilig von Anbeginn, und niemals hat es versäumt, seinem Gotte überschwenglich und ohne Maß zu opfern; niemals hat die Gattung als solche die Gewißheit verlassen, daß ihr Heil in den Waffen liege, und sie hat sich von Friedensaposteln und Menschentümlern, wie die mörderischen Folgen der Christianisierung des Abendlandes zur Genüge verdeutlichen, in dieser ihrer Überzeugung nur bestärken lassen. Nicht zuletzt deshalb erscheint es als glückliche Fügung, wenn die Philosophie, die dem Untier gleichermaßen vergeblich Enthaltsamkeit und die Wonnen der Waffenruhe gepredigt hat, sich am Ende mit einigen ihrer Vertreter doch noch zur Weisheit des Untiers bekehrt und in neugewonnener anthropofugaler Klarsicht ihren humanistischen Irrtümern abschwört. Wären diejenigen, die im Troß des Kyros, Alexander, Caesar mitmarschierten, in den Horden des Attila und Dschingis-Khan vorwärtsstürmten, nicht dem Kriegsgott, sondern den vielgestaltigen Lehren der Menschenliebe gefolgt, wir ständen heute noch mit Steinäxten und Wurfhölzern da und hätten nicht die geringste Aussicht, dem fleischgewordenen Leiden auf diesem Planeten in absehbarer Zeit ein Ende zu bereiten. So aber sind wir mit unseren rastlosen Anstrengungen nahe ans Ziel gekommen. Wir haben das ABC der Abschreckung durchbuchstabiert. Wir sind befähigt, der organischen Qual ein Cannae zu bereiten, von dem sie sich nicht mehr erholen wird. Und wir haben zu guter Letzt erkannt, daß wir selbst der auserwählten Generation angehören, die die apokalyptischen Visionen des Mythos in die Wirklichkeit übersetzen wird und damit die uralte Sehnsucht der Gattung, nicht mehr sein zu müssen, in Erfüllung gehen läßt.

Weltgeschichte – ein Schlachthof, zweifellos. Aber das Grauen ist endlich geworden, und wenn wir schon seinen Anfang nicht bestimmen konnten, so haben wir jetzt doch die Macht, seine unaufhörliche Fortzeugung zu verhindern. Weltgeschichte – auch ein nacheiszeitliches Trainingslager also, eine Arena, in der das Untier seine Gladiatorenkunst vervollkommnet und sich verbissen hochrüstet, watend in einem Brei von Knochen, Blut und Hirn, bis es das Inferno anrichten, den großen Streich gegen sich und das Leben führen kann, dessen sehnsüchtige Vorahnung schon dem Neandertaler die Keule führte.

»Was geliebt werden kann am Menschen, das ist, daß er ein *Übergang* und ein *Untergang* ist«, schreibt Nietzsche (1967 I: 551). Das anthropofugale Denken hat seinen Traum vom Übermenschen aufgekündigt und hält die Aussicht auf das Ende, den Untergang, an sich schon für tröstlich genug. Ziel der Menschheitsentwicklung ist ihm nicht sein Nihilismus der Umwertung aller Werte, sondern der *Annihilismus*, d.h. die Selbstaufhebung des Untiers mit all seiner Gier nach Sinn und Wahrheit, nach jenem metaphysischen Opium, das ihn während der Jahrtausende der Vorbereitung so gnädig betäubte und unter glücksverheißenden Halluzinationen hielt, derer wir Letztgeborene nun nicht mehr bedürfen. Der anthropofugale Blick hat das Unbewußte offengelegt und dessen Paradoxon ist ohne Schrecken: wir sind da, um uns zu vernichten; der »Sinn« unserer Existenz ist der Untergang eben des sinnenden Untiers; und die Äonen, die seit unserer Deportation in das Ghetto der Vernunft vergangen sind, haben wir weidlich genutzt, um unser Abtreten schließlich mit höchster wissenschaftlicher Rationalität und der Brillanz von Nobelpreisträgern zu bewerkstelligen. Tiergattungen mögen aussterben, von Seuchen dahingerafft, ihrer ökologischen Nische beraubt, überspezialisiert, dem Druck der Nahrungskonkurrenten nicht mehr gewachsen, ohnmächtig den Gesetzen der Natur ausgeliefert; nicht so der Mensch. Er hat sich auf die Hinterbeine gestellt und aufgerichtet vor der Schöpfung; autonom geworden und dem biologischen Selektionsdruck entwachsen läßt er auf diese Weise nicht mehr mit sich umspringen – sondern entledigt sich seiner in eigener Regie.

XII

So ungeheuerlich und verheißungsvoll sich die militärtechnologischen Fortschritte des Untiers im 20. Jahrhundert darstellen – weit über einhundert Millionen Menschen sind seit der Jahrhundertwende durch Kriegseinwirkung ums Leben gekommen (vgl. Buchen 1968: 10) –, so jämmerlich nehmen sich demgegenüber seine philosophischen Anstrengungen aus, diese Entwicklung auf den ihr gemäßen Begriff zu bringen. Wie in den Jahrhunderten zuvor schreckt die Philosophie auch diesmal mit wenigen Ausnahmen vor der Beschäftigung mit dem Unheil, mit dem *homo extinctor*, wie vor der Berührung eines Aussätzigen zurück und beugt sich in kindlicher Konzentration über die Baukästen der Wissenschaftstheorie, Hermeneutik, Ideologie- und Ökologiekritik. Weit davon entfernt, die Erkenntnisse eines d'Holbach, Schopenhauer und von Hartmann aufzunehmen, voranzutreiben und so die letzte Tathandlung eines vorbewußten Annihilismus mit dem triumphalen und bewußten Ja anthropofugaler Aufklärung zu begleiten, hat sie deren Wegbereiter in ein geistesgeschichtliches Kuriositätenkabinett abgeschoben und sich der hingebungsvollen Pflege des moribunden Humanismus verschrieben.

Die letzten Metastasen, die dank ihrer lebensverlängernden Maßnahmen in der verrottenden humanistischen Doktrin noch zur Ausbildung gelangen und die die philosophischen Therapeuten in grotesker Fehleinschätzung zu Zeichen der sich abzeichnenden Wiederherstellung und Gesundung des Untiers erklären, sind Marxismus, Existentialismus und ein praxisorientiertes Arbeitsfeld, das sich Friedens- und Konfliktforschung nennt. Während der Marxismus als säkulare Heilslehre und Menschheitsreligion in kaum mehr als hundert Jahren eben die Phänomenologie des Märtyrertums und Cäsaro-Papismus, des Schismas und der Ketzerverfolgung, der Heiligenverehrung und Heidenmission mit dem Schwerte ausbildete, zu deren Entfaltung das Christentum noch eineinhalb Jahrtausende benötigt hatte und folglich geistesgeschichtlich eine bloße Reprise darstellt – wenngleich uns sein erster thermonuklearer Kreuzzug ins Neue Jerusalem der Nichtexistenz führen könnte –, während der Existentialismus die Chimäre des Humanen in einem leerlaufenden Dezisionismus und substanzfreien Aktionismus des sich selbst Entwerfens, Wählens, Übersteigens wider Willen eher verdeutlicht als vergessen macht, erfordert die Friedensforschung, die das Ruder der Weltgeschichte im letzten Augenblick herumwerfen und das Untier so um die Früchte eines Hunderte von Generationen währenden Ringens bringen will, eine eingehendere Widerlegung.

Friedensforschung – das ist der fleischgewordene Skrupel, das ist spekulativer Defätismus, das Zurückschrecken vor dem Unausweichlichen, Sabotage des anthropofugalen Willens zum Ende. Dabei sind die Forschungsresultate bei Licht besehen und vorurteilsfrei gewichtet höchst mutmachend und beruhigend, und nur die interpretative Deutung und Einbettung der Friedens- und Konfliktforscher selbst verwandelt sie in das schaurige Inventar ihrer humanistischen Geisterbahnen. Was sollte auch skandalös sein an der Feststellung, »daß es in den 3400 Jahren übersehbarer Menschheitsgeschichte nur 243 Jahre ohne einen bekannt gewordenen Krieg gegeben hat« (Leyhausen 1970: 61) und daß nach einer anderen Statistik »im Durchschnitt 2,6 Kriege pro Jahr geführt worden sind« (ebd.: 103), wenn man die Funktion bewaffneter Auseinandersetzungen mit anthropofugaler Klarsicht nicht wie die Friedensforschung als ständige Entgleisung verteufelt, sondern auch noch das kleinste Geplänkel, das unbedeutendste Gemetzel als Schritt in die richtige Richtung, als Vorbereitung für das globale Harmageddon würdigt. Wen schreckten die heute auf Abruf bereitstehenden Zehntausende taktischer und strategischer Kernwaffen, von denen eine einzige die gesamte Explosivkraft aller im Zweiten Vorbereitungskrieg von den Vereinigten Staaten auf Deutschland und Japan abgeworfenen Bomben um den Faktor 10 bis 15 übertrifft (vgl. Friedensanalyse 1976 II: 16), wenn er sich die Größe der Aufgabe vor Augen führt, die in der Dekontamination eines ganzen Planeten besteht, auf dem die Untiere ja keineswegs nur in leicht zugänglichen Metropolen anzutreffen sind, sondern sich bis ins ewige Eis, in Wüsten und entlegenste Gebirgstäler ausgebreitet haben. Müßte man nicht im Gegensatz zu dem verantwortungslosen Gezeter der Konfliktforscher auf entschiedene weitere Aufrüstung drängen, die allen Eventualitäten gerecht wird und verhindert, daß der kommende Waffengang, statt die ersehnte Apokalypse zu bringen, zum Dritten Vorbereitungskrieg degeneriert und damit für die Überlebenden einen nochmaligen qualvollen Anlauf notwendig macht? Müßte man den Mechanismus, der die Politiker und Militärs daran hindert, auf eine humanistische »Vernunft« und den »gesunden Menschenverstand« zu hören und den Richard J. Barnet in seinem Traktat *Der amerikanische Rüstungswahn oder die Ökonomie des Todes* mit den Worten skizziert:

> Da es beinahe kein Waffensystem gibt – und es sei noch so abgelegen –, das die Sowjets nicht bauen könnten, wenn sie genügend Zeit, Energie und Geldmittel darauf verwenden würden, bildet die Vorstellungskraft des Pentagon die einzige Begrenzung für die Militärausgaben der USA. In der realen Welt nennt man Leute, die den größten Teil ihres Geldes ausgeben, um sich gegen Bedrohungen zu wappnen, die nur in ihrer Einbildung existieren, Paranoiker. In der Welt der nationalen Sicherheit ist das System selbst paranoisch (Barnet 1969: 18),

deshalb nicht gerade segensreich nennen, statt ihn als paranoid zu diffamieren – im übrigen eine Eigenschaft, zu der das System der Abschreckung selbst, wie das ingeniöse Kürzel seiner Zentraldoktrin MAD (*M*utual *A*ssured *D*estruction = gesicherte gegenseitige Vernichtung) belegt, zu Recht eine durchaus entspannte Beziehung pflegt.

Der sogenannte Schumpeter-Effekt[6], d.h. die Verselbständigung und die aggressive Eigendynamik von Rüstungskomplexen, ist der Motor unserer glücklichen Selbstaufhebung, und die Friedensforschung muß mit allen Mitteln daran gehindert werden, diesen Motor etwa mit den illusorischen Konzepten des passiven Widerstandes oder der gewaltfreien Aktion (vgl. Krippendorff 1968: 477ff.),

[6] Den Schumpeter-Effekt skizzierte Dieter Senghaas in seinem Aufsatz »Abschreckungspolitik oder Abrüstungspolitik« wie folgt: »Joseph Schumpeter hat in einer berühmten soziologischen Abhandlung 1919 die These vertreten, daß häufig in der Geschichte zu beobachten ist, wie Nationen, die sich einer begrenzten und zeitweiligen militärischen Bedrohung gegenübersehen, schließlich Fertigkeiten entwickeln, mit denen sie dieser Bedrohung begegnen, um nach ihrer Bewältigung mit riesigen objektiv funktionslosen Rüstungskomplexen weiterzuleben. Diese Rüstungskomplexe entwickeln dann eine eigene Wachstumsdynamik, deren Richtung und Geschwindigkeit in keinem Zusammenhang mehr steht mit der ursprünglichen Bedrohung« (Leyhausen 1970: 129).

mit unilateralen oder gradualistischen Abrüstungsmodellen (vgl. ebd.: 250ff.) abzuschalten oder auch nur seine ständig akzelerierende Tourenzahl zu senken.

Glücklicherweise sind die Faktoren, die einem Abbremsen der Rüstungsdynamik im Wege stehen – wie die intellektuelle Solidität und Verläßlichkeit breitester Bevölkerungsschichten, Feindbildorientierung, ungebrochenes Vertrauen in die Tugenden des Gehorsams, der Wehrhaftigkeit und des Nationalismus –, immer noch und wohl auch in alle Zukunft stark genug, um die subversiven Aktivitäten der Friedensforscher, die dem wohlverstandenen Interesse der gesamten Menschheit zuwiderlaufen, zu konterkarieren. Darüber hinaus haben aber auch die Militärs den Ernst der Lage erkannt und bemühen sich, ihre unablässige Sorge für das Wohl ihrer Schutzbefohlenen in einer nicht von Menschentümelei und Friedenshetze vergifteten Atmosphäre deutlich werden zu lassen. So gilt etwa für die USA schon in den späten 60er Jahren:

> Im Pentagon sind 6410 Leute für die Public Relations angestellt. Die Informationsstelle der Abteilung für öffentlich Angelegenheiten im Verteidigungsministerium verfügt allein über einen Etat von 1,6 Millionen Dollar und beschäftigt mehr als 200 Offiziere und Zivilisten, die ihren Arbeitsplatz im Pentagon und in den wichtigsten Städten des Landes haben. Das Informationsbüro für die bewaffneten Streitkräfte hat einen Etat von 5,3 Millionen Dollar, der für ein globales Rundfunknetz verwendet wird, mit dem riesige zivile und militärische Hörerkreise erreicht werden. Der Rundfunk- und Fernsehdienst der bewaffneten Streitkräfte unterhält 350 Sendeanstalten in 29 Ländern und 9 weitere auf US-Territorium; er gibt jährlich mehr als 10 Millionen Dollar aus und hat 1700 Beschäftigte. Das ist die größte Senderkette auf der Welt (Barnet 1971: 53).

Inzwischen sind die Informationsanstrengungen global intensiviert worden, und sie haben in Einzelfällen auch bei Vertretern der Friedensforschung selbst Wirkung gezeitigt und zu einer Überprüfung der Standpunkte geführt. So hat beispielsweise Johannes Kneutgen in der 1970 veröffentlichten Arbeit *Der Mensch. Ein kriegerisches Tier* von der Schwarzmalerei und dem Kassandra-Ton des wissenschaftlichen Pazifismus Abstand genommen und sich zu einem Optimismus durchgerungen, der von anthropofugaler Bewußtheit immer noch weit entfernt ist und die Entwicklung folglich weiterhin verkennt, sie aber jetzt zumindest nicht mehr behindert, sondern die mit dem Tranquilizer des »Es-wird-schon-gut-gehen« beliefert, die seiner noch bedürfen. Kneutgen schreibt:

> Noch kann man die Kernwaffen nicht endgültig als Imponierstrukturen betrachten wie die Halskrause des Kampfläufers, die »bei Bedarf« entfaltet wird, oder die Geweihe der Hirsche. Ich bin aber der Meinung, daß die Menschheit auf dem besten Wege ist, ihre gefährlichsten Waffen immer unbrauchbarer zu machen. Diese »positive« Entwicklung kann man meiner Meinung nach getrost abwarten, da ihr Abschluß »dicht vor der Tür« steht. Die Menschheit ist auf dem besten Wege, auf rationale Weise etwas zu schaffen, was bei den sozialen Tieren mit gefährlichen Waffen im Laufe der Evolution zum Instinktverhalten wurde (Kneutgen 1970: 102).

Andere, wie die Mitarbeiter der Studie *Kriegsfolgen und Kriegsverhütung*, beschränken sich jetzt trotz des irreführenden Titels im wesentlichen auf Dokumentation und sehen ihre Aufgabe darin, auf 700 Seiten und mittels eines auf den Einsatz atomarer Waffen spezialisierten Computermodells »die entstehenden Verluste an Menschenleben, Gesundheit, Wohnungen und Industrieanlagen bei verschiedenen Formen des Waffeneinsatzes abzuschätzen« (Weizsäcker 1970: 6). Der positivistisch-beschreibende Ansatz von Beiträgen wie »Mathematische Analyse der Wirkungen von Kernwaffenexplosionen in der BRD« oder »Die Zerstörung des Agrarpotentials und die Überlebenschancen der Bevölkerung« oder »Überlegungen zur Seuchengefahr im Atomkrieg« enthält sich in wohltuender Weise des Pathos humanistischen Flagellantentums und stellt statt dessen »Kriegsbilder« vor, die das grandiose Panorama des Untergangs in nüchternen Zahlen beschreiben:

> Kriegsbild 9 hat 75 Bomben à 2 MT gegen die Bevölkerungszentren eingesetzt. Der dabei entstehende Fallout verseucht 58% der Fläche mit über 1000 r ERD. Die Hälfte der Bevölkerung der BRD ist tot, ein Viertel strahlenkrank. Mehr als der halbe Viehbestand ist vernichtet. Entsprechend dem Zulassungsintervall für Radioaktivität liegen die Kapazitätsverluste zwischen 196 und 227 Mrd. DM, d.h. hier ist diese Unsicherheit kaum noch relevant. Zu evakuieren sind zwischen 900000 und 6

> Millionen Menschen. ... Die Produktion auch nur des Mindestbedarfs [ist] ausgeschlossen, da in der Elektrizitätswirtschaft, im Bergbau, in der Chemie, in der Mineralölverarbeitung und der Eisen- und Stahlerzeugung, d.h. in allen Grundstoffindustrien die Kapazitäten um 100% überfordert sind. Bei Evakuierung wäre sogar die Mehrzahl der Kapazitäten, einschließlich der Nahrungsindustrie, nicht mehr ausreichend (ebd.: 264).

Lektüreresultat ist hier ein aufgeklärter Fatalismus, der sich auf der Höhe wissenschaftlicher Prognostik weiß und sich zugleich der zielgerichteten Dynamik und Selektion des historischen Prozesses erinnert, zu der Quincy Wright in seiner *Study of War* ausführt:

> Aus kriegerischen Völkern ging die Kultur hervor, während die friedlichen Sammler und Jäger in die Randzonen der Erde vertrieben wurden, wo sie allmählich ausgerottet oder absorbiert werden – mit der einzigen zweifelhaften Genugtuung, beobachten zu können, wie die Nationen, die den Krieg so effektiv handhabten, sich selbst vernichten (Krippendorf 1968: 38).

Vergleicht man diese Einsicht mit der Perspektive des ehemaligen Verteidigungsministers McNamara, aus der

> die Geschichte der Menschheit nicht so sehr durch lange Perioden des Friedens charakterisiert ist, die manchmal von Kriegen unterbrochen wurden, sondern vielmehr durch eine Kette ständiger Kampfhandlungen, zwischen denen von Zeit zu Zeit Epochen der Erschöpfung und des Wiederaufbaus fallen, die man dann stolz als Frieden bezeichnet (McNamara 1970: 62),

so zeichnet sich eine Annäherung der Standpunkte ab, die trotz des desolaten Zustandes der Friedensforschung in den zurückliegenden Jahrzehnten für die Zukunft aufhorchen und hoffen läßt. Wie in den weit über 6000 Gesprächen zwischen russischen und amerikanischen »Abrüstungsdelegationen«, die seit dem Zweiten Vorbereitungskrieg geführt wurden – das Genfer Abrüstungskomitee konnte bereits 1971 das Jubiläum der 500. Sitzung begehen (vgl. Seidler 1974: 12) –, ja keineswegs konkrete Abrüstungsschritte vereinbart, sondern im Gegenteil eine immer rasantere entweder quantitative oder qualitative Aufrüstung programmiert, die technologischen Sektoren für immer neue Wettläufe abgesteckt wurden, so würde sich die Friedensforschung nach ihrer Tendenzwende gleichfalls nicht mit Wegen zur Konfliktverhütung, sondern mit politischen und militärischen Provokationsverfahren und ihrer situationsgerechten Anwendung befassen. Die Ratschläge der Friedensapostel brauchen zu diesem Zweck fürs erste nur beherzt umgepolt, ihre Empfehlungen in Verbote, ihre Verbote in Imperative verwandelt zu werden; eine über den gesamten Forschungsbereich verhängte strikte Geheimhaltung könnte im übrigen der Anpassung an das neue, gesamtgesellschaftlichen Bedürfnissen Rechnung tragende Forschungsziel nur förderlich sein.

Ein vorbildliches Muster dieser an Leib und Gliedern reformierten neuen Friedensforschung liegt seit den 60er Jahren vor und dokumentiert auf das eingängigste die wichtigen Zuliefererfunktionen, die diese Disziplin für die Planung der globalen Endlösung, vor allem aber auch die notwendige ideologische Aufrüstung der Kombattanten, besitzen könnte. Die Rede ist von Herman Kahns Studie über *Eskalation* und deren Vorläufer *On Thermonuclear War*. Kahn nennt in seiner Eskalationsschrift als erstes Forschungsziel: »Die Vorstellungskraft anzuregen« (Kahn 1970: 28), erweist sich dabei aber als gänzlich immun gegenüber den anthropozentrischen Anwandlungen und Vorurteilen seiner Fachkollegen. Seine Maxime meint nämlich gerade nicht Aufstachelung zum Frieden durch düstere Schreckensvisionen, sondern nüchternes Kalkulieren und Durchdenken des bis dahin kategorisch für undenkbar Erklärten. Wie jeder bisherige Waffengang so braucht auch der letzte, die Apokalypse und das planetarische Inferno – das ist der implizite argumentative Ausgangspunkt Kahns – gründliche gedankliche Vorarbeit und Planung. Pfusch und Schluderei kann sich eine Menschheit, die zum letzten Gefecht gegen sich und die Natur angetreten ist, nicht leisten, geht es doch zum ersten Mal um mehr als den Sieg der einen und die Niederlage der anderen Partei oder Nation, nämlich um ein kollektives und totales Ausmerzen. Gelingt diese Operation nicht auf Anhieb, so werden die Überlebenden so bald nicht die Kraft für einen zweiten Anlauf aufbringen, und das Leiden würde sich erneut über endlose Generationen von Erbkranken, Strahlengeschädigten und Mutanten und in einer Umwelt, der gegenüber die heutige als Garten Eden in Erinnerung bliebe, zu jenem fernen Punkt aufschaukeln müssen, an dem ihm die Instrumentarien der Selbstauslöschung abermals zu Gebote stünden.

Um die Möglichkeit eines fahrlässigen Umgangs mit den vorhandenen Potentialen auszuschließen und ihre nach menschlichem Ermessen vollständige Ausschöpfung sicherzustellen, entwirft Kahn eine 44 Sprossen umfassende Eskalationsleiter, die von einer Krisensituation ausgeht, auf Stufe 12 den »großen konventionellen Krieg« erreicht, die atomare Schwelle bei 21 überschreitet und schließlich zum »Zentralkrieg« führt, dessen Eskalationsrelief sich wie folgt darstellt:

33: Langsame Kriegführung gegen »materielle Werte«
34: Langsame Kriegführung gegen Waffensysteme
35: Begrenzte Salve zur Herabsetzung der militärischen Leistungsfähigkeit
36: Begrenzter Entwaffnungsschlag
37: Schlag gegen die Waffensysteme unter Aussparung anderer Ziele
38: Rücksichtsloser Angriff auf die Waffensysteme
39: Langsame Kriegführung gegen Städte
40: Salve gegen materielle Werte
41: Verstärkter Entwaffnungsangriff
42: Vernichtungsangriff auf Zivilobjekte
43: Andere Formen des gelenkten allgemeinen Krieges
44: Krampfartiger oder wahnwitziger Krieg (ebd.: 72).

Im letzten Stadium des Spasmus und der Agonie werden nach Kahn »alle Abzüge ... gleichzeitig betätigt« (ebd.: 88), und es bleibt zu hoffen, daß das Untier, sofern es die aufgelisteten Vorarbeiten nur sorgsam genug erledigt hat, sich hier den Kelch seiner qualvollen Existenz in der Tat auf immer abtut und den qualitativen Sprung vom *homo extinctor*, dem auslöschenden Menschen, zum *homo extinctus*, dem ausgelöschten Menschen, zu vollziehen vermag.

Kahns auf die vorhandenen Verheerungstechniken abgestimmtes Einsatzmodell gibt – wie der Klappentext notiert – »den Verantwortlichen unschätzbare Instrumente in die Hand« und erlaubt darüber hinaus einer revolutionierten Friedensforschung die

Rückwendung und das offene Bekenntnis zu ihrer lange verschütteten Tradition, nämlich einer philosophischen Apologetik des Krieges, der es von Plato bis Hegel[7], von Hobbes' Hymnus auf den Kadavergehorsam:

> Wenn ich auf Befehl etwas tue, was für den Befehlenden eine Sünde ist, so begehe ich, wenn ich es tue, keine Sünde, sofern der Gebietende mein Herr von Rechts wegen ist. Wenn ich z.B. auf Befehl meines Staates in den Krieg ziehe, so tue ich damit kein Unrecht, wenn auch meiner Meinung nach der Krieg mit Unrecht begonnen ist; vielmehr täte ich Unrecht, wenn ich den Kriegsdienst verweigerte (Hobbes 1959: 194),

bis zu der schon von philanthropischen Wunschvorstellungen überwucherten und doch ihrer Zeit um Jahrhunderte vorauseilenden Eingebung Kants, »daß ein Ausrottungskrieg ... den ewigen Frieden ... auf dem großen Kirchhofe der Menschengattung stattfinden lassen würde« (Kant 1976: 21), nie an renommierten Vertretern und Autoritäten gefehlt hat.

[7] Im Platonischen Idealstaat existiert neben dem Lehr- und Nährstand bekanntlich auch ein Wehrstand, der sich ganz der Kriegskunst verschrieben hat und von sozial nützlichen Tätigkeiten freigestellt ist. Plato widmet dem Nachdenken über die besten Trainings- und Indoktrinationsmethoden breiten Raum und schätzt die Bedeutung des Militärs so hoch ein, daß er für die Zensur wehrkraftzersetzender Glaubensvorstellungen, defätistischer Literatur und verweichlichender Musik eintritt (vgl. Plato 1961: 72ff.). Hegel würde dem fraglos zugestimmt haben, wie er überhaupt den Frieden geringschätzte und in seiner *Rechtsphilosophie* notierte: »Im Frieden dehnt sich das bürgerliche Leben mehr aus, alle Sphären hausen sich ein, und es ist auf die Länge ein Versumpfen der Menschen. ... Aus den Kriegen gehen die Völker nicht allein gestärkt hervor, sondern Nationen, die in sich unverträglich sind, gewinnen durch Kriege nach Außen Ruhe im Inneren« (Hegel 1968: 308); folglich empfiehlt er den Regierungen, die erstarrende bürgerliche Welt »von Zeit zu Zeit durch Kriege zu erschüttern, ihre sich zurechtgemachte Ordnung und Recht der Selbständigkeit dadurch zu verletzen und zu verwirren, den Individuen aber ... in jener auferlegten Arbeit ihren Herrn, den Tod, zu fühlen zu geben« (Hegel 1952: 324).

XIII

Friedensforschung – so wird man aus dem Gesagten schließen müssen – ist nur da sinnvoll und förderungswürdig, wo sie dem Kriege dient. Diese Dienstleistung allerdings kann in direkter oder indirekter Form erbracht werden – unmittelbar in der Erarbeitung von Szenarien und Simulationsmodellen, die dem durchgespielten Grauen dann bei seiner Realisierung die betäubende und die Entschlußkraft lähmende Wirkung nehmen, mittelbar, wie der blauäugige Optimismus eines Kneutgen verdeutlicht, durch Ablenkung pazifistischer Kritik ins Reich der schönen Utopie und der absorbierend-»brisanten« Scheinprobleme.

Zu solchen Ersatzangeboten für den humanistisch deformierten Intellekt, der damit auf eine elegante und gänzlich gewaltfreie Art und Weise beschäftigt und davon abgehalten wird, den weltgeschichtlichen Aufrüstungsprozeß negativ zu beeinflussen, gehören z.Zt. neben der beschriebenen schöngeistig-weltfernen Variante der Friedensforschung die Ökologiedebatte, die Kernkraftfrage und bis zu einem gewissen Grade paradoxerweise auch die Atomwaffendiskussion selbst.

Die »ökologische Mode« (Maldonado 1972: 70), die die Zukunft unter der Perspektive einer sich explosionsartig vermehrenden Menschheit und der nicht minder rapide schwindenden natürlichen Ressourcen, unter der Geißel von Hunger, Umweltverschmutzung und mitleidsloser Ausbeutung perhorresziert und verzweifelt nach Auswegen aus der Sackgasse sucht, lenkt den Blick der Diskutanten auf Wachstumskurven, Produktionsdiagramme und Hochrechnungen der noch vorhandenen Rohstoffreserven und hält sie damit der Einsicht fern, daß die Menschheit nach Erschöpfung der Bodenschätze oder bei Vergiftung ihrer industriellen Umwelt nicht sanft und sich in das Unvermeidliche schickend abscheiden dürfte, sondern schon lange zuvor ihr Heil in erbarmungslosen Verteilungskämpfen und Kriegen um die restlichen noch halbwegs gesunden und kontaminationsfreien Lebensräume suchen wird. Die sich verschlechternde ökologische Situation mag damit neben oder im Verein mit politischem Hegemoniestreben, ideologischer Kreuzzugsmentalität und der Eigendynamik der militärischen Komplexe zum auslösenden Faktor der Befreiungstat des Untiers werden, hat neben ihrem Katalysatorcharakter aber – im Gegensatz zur Einschätzung der Ökophilen – keine größere eigenständige Bedeutung, und schon gar nicht die unseres zentralen existenziellen Problems.

Der wohligen Fiktion, am archimedischen Punkt der neueren Weltgeschichte anzusetzen und sich um eine Nachwelt, die sich in Wirklichkeit längst in die Nichtexistenz zurückgebombt haben wird, verdient zu machen, hängen auch die Kernkraftgegner an; ihnen verstellt die garstige Vision von Reaktorunfällen mit einigen zehntausend Toten den Blick auf militärische Einsatzkapazitäten, denen gegenüber ein außer Kontrolle geratener durchschmelzender Reaktor sich ausnimmt wie eine vor den Ketten von Panzern detonierende Knallerbse.

Die Ablenkung kritischer Energien und des kollektiven Protests auf im Vergleich durchaus sekundäre Bedrohungen, wie sie sich etwa in der Auflösung der Ostermarsch- und »Kampf dem Atomtod«-Bewegungen der 50er und frühen 60er Jahre und der Abdrängung des Lemmingszugs der Unzufriedenen in das Ödland und Salz um Gorleben und zwischen die Baugruben des Reaktorgeländes von Wyhl abspielt, ist einer der ganz großen Triumphe gesamtgesellschaftlicher Verdrängungsarbeit, die das Untier instand setzen, sein Ziel ohne große Umwege und erwähnenswerte Hindernisse direkt anzusteuern. Und selbst noch die versprengten Reste der Atomwaffen- und Rüstungsgegner, die bis in unsere Tage überlebt haben und sich jetzt am Strohfeuer einer kurzlebigen Friedensdiskussion wärmen, bevor sie ihre Sache endgültig verloren geben werden, haben in der Vergangenheit wider Willen dem Untier Kärrnerdienste geleistet. Eben weil sie so vehement gegen Atombomben, Wasserstoffbomben, Neutronenbomben mobil machten, ist das wachsende Arsenal der B- und C-Waffen nahezu vollständig aus dem öffentlichen Bewußtsein verschwunden; und deren Weiterentwicklung in dem arbeitsamen und von neugieriger Querulanz verschonten Idyll der Laboratorien hat – zumal im biologischen Bereich – ungeahnte Erfolge gezeitigt:

> Um mit Sicherheit jegliches Leben in einem Bereich von 1000 × 1000 m zu zerstören, müssen 16 000 Artilleriegranaten (75 oder

77 mm) abgeschossen werden, das entspricht 10 t herkömmlichen Sprengstoffs. Das gleiche Resultat wird erzielt mit 1 t chemischem Kampfstoff oder 10 kg Atomsprengstoff, wie er in Hiroshima angewendet wurde, mit 10 g thermonuklearem Sprengstoff gegenwärtigen Typs oder aber mit nur 0,1 g biologischem Kampfstoff (Zentralvorstand der Gewerkschaft Wissenschaft 1972: 141).

Für die Eingeweihten und das anthropofugale Denken ist es angesichts solcher Ergebnisse tröstlich zu wissen, daß auch jene, die der atomare Feuersturm über den Städten nicht erreicht und die wegen ihres marginalen Lebensraumes vielleicht auch dem letalen Fallout entgegnen mögen, die Hoffnung auf ein Ende keineswegs fahren lassen müssen, sondern daß sie gewiß sein können, mit geringer zeitlicher Verzögerung und als letzte ihrer Gattung von mutierten Viren, Bakterien und Pilzen, einer künstlichen Lungenpest, einem verheerenden Fleckfieber, einer nie dagewesenen Form des Milzbrandes hinweggerafft zu werden – als Nutznießer jenes Weitblicks und jener Fürsorge, mit der sich in der Apokalypse noch die Toten der Überlebenden annehmen werden.

XIV

Wie die Friedensforschung vor ihrem von Kahn eingeleiteten revolutionären Neubeginn als erschütternde Fehlleistung der wissenschaftlichen Vernunft gewertet werden muß, so hat sich auch die Anthropologie des 20. Jahrhunderts als durch und durch blind gegenüber den Zeitläufen und dem sich nunmehr in aller Deutlichkeit abzeichnenden Ziel der menschlichen Evolution erwiesen. Zwar hat sie in ihren Sparten der biologischen und philosophischen, der Kultur- und Sozialanthropologie zahlreiche Erkenntnisse und Hypothesen über Ursprung und Werden des Menschen formuliert und gesammelt, zwar weiß sie seit Darwin um die Abstammung aus dem Tierreich und kennt dank paläoanthropologischer Forschungen und Funde die Stadien der Humanisation vom Australopithecus über den Pithecanthropus bis zum Neandertaler und Cro-Magnon-Typus, die unsere Veruntierung und Entartung besiegelten. Zwar begreift sie den Menschen als »archaisch unspezialisiert« und »instinktarm«, als »infantilen Affen, bei dem das höhere Wachstum nicht eintritt und der auf kindlicher oder sogar embryonaler Stufe fixiert bleibt« (Landmann 1969: 148), aber sie vermag mit diesen Daten im Grunde nichts anzufangen und hantiert damit wie ein Debiler, der Puzzlestückchen nach Größe oder eigener Vorliebe sortiert und gruppiert, ohne zu erkennen, daß sie sich zu einem Bild zusammenfügen lassen.

Dieses Scheitern der modernen Wissenschaft vom Menschen ist nun keineswegs unerklärlich, sondern sein Grund liegt im Gegenteil offen zutage. Die Anthropologie hat bisher nämlich immer nur hartnäckig nach dem Woher des Untiers gefragt, die Auskunft, ja die bloße Reflexion über das Wohin aber ebenso nachdrücklich verweigert bzw. für außerhalb ihres Kompetenzbereichs liegend erklärt. Dieses Frageversäumnis mußte sich auf Dauer verhängnisvoll auswirken, denn wie will man Fakten deuten und ordnen, Eigenschaften herausarbeiten und werten, ohne über Informationen bezüglich der Richtung und des Ziels des Evolutionsprozesses zu verfügen, in dem diese Fakten einen ganz bestimmten Stellenwert, diese Eigenschaften konkrete Auslöser-, Beschleunigungs- oder Bremsfunktion besitzen. Das anthropologische Verfahren der Datenerhebung unter Verzicht auf ein anthropofugales Referenzsystem gleicht somit dem Versuch, ohne Takelage Segel zu setzen und verurteilt die Wissenschaft zu eben der Immobilität einer antriebslos dümpelnden Bark.

Dabei müßte es den Vertretern dieser Disziplin, sobald sie sich einmal mit dem Gedanken der ultimativen Selbstaufhebung des Untiers und des Evolutionsziels der Stillstellung organischen Leidens vertraut gemacht haben, wie Schuppen von den Augen fallen, denn der Mensch ist für seine eigentliche Aufgabe höchst adäquat und sinnvoll ausgestattet und keineswegs bloß der körperlich retardierte Affenfötus, das Mängelwesen, die organische Inkarnation der logischen Kategorie des defizienten Modus, als der er in den Lehrbüchern nur allzu häufig erscheint. Akzeptiert man die folgende Zusammenfassung Arnold Gehlens unkritisch:

> Morphologisch ist nämlich der Mensch im Gegensatz zu allen höheren Säugern hauptsächlich durch *Mängel* bestimmt, die jeweils im exakt biologischen Sinne als Unangepaßtheiten, Unspezialisiertheiten, als Primitivismen, d.h. als Unentwickeltes zu bezeichnen sind: also wesentlich negativ. Es fehlt das Haarkleid und damit der natürliche Witterungsschutz; es fehlen natürliche Angriffsorgane, aber auch eine zur Flucht geeignete Körperbildung; der Mensch wird von den meisten Tieren an Schärfe der Sinne übertroffen, er hat einen geradezu lebensgefährlichen Mangel an echten Instinkten und er unterliegt während der ganzen Säuglings- und Kinderzeit einer ganz unvergleichlich langfristigen Schutzbedürftigkeit. Mit anderen Worten: innerhalb *natürlicher*, urwüchsiger Bedingungen würde er als bodenlebend inmitten der gewandtesten Fluchttiere und der gefährlichsten Raubtiere schon längst ausgerottet sein (Gehlen 1971: 33),

so muß man anschließend in der Tat mit dem Autor die kopfschüttelnde Frage stellen: »Wie ist ein so monströses Wesen lebensfähig?« (ebd.: 36). Fügt man die Einzelbeobachtungen aber derart zusammen, daß im anthropologischen Puzzle das Abbild des Untiers sichtbar wird, sind die Schlußfolgerungen ganz andere, und die Verwunderung macht der Bewunderung der großmütigen Folgerichtigkeit Platz, mit der die Natur ihr mißratenes Geschöpf trotz allem noch für den kurzen Augenblick apokalyptischer Selbstverwirklichung ausgestattet hat. Welcher Vorteil, ohne dichtes Haarkleid oder Panzer zu existieren! Wie sonst hätte das Untier lernen sollen, sich hinter Schilde zu ducken, Rüstung und Harnisch zu schmieden, sich in armierten Fahrzeugen zu bewegen und schließlich aus dem gigantischen Außenskelett der Raketensilos seine jetzt dreistufigen Pfeile dem Angreifer bis auf dessen Heimatboden entgegenzuschleudern. Welche Auszeichnung, ohne Angriffsorgane zu sein! Denn wie sonst wären im Kopf des Untiers die Generationen und Abergenerationen neuer Waffen gezeugt worden, gegen die die Zahnreihen eines Krokodils, das Horn eines Rhinozeros, das Gift der Viper wie Stümpereien eines überängstlichen Demiurgen wirken. Welche Gnade, sich nicht zur Flucht wenden zu können und sich so gegenseitig Mann um Mann niedermachen zu müssen! Welcher Segen, als Instinktkrüppel auf die Welt zu kommen! Denn die innerhalb der eigenen Gattung unumstößliche Tötungshemmung der Tiere hat sie schon bei den ersten noch dilettantischen Steinigungen menschlicher Urhorden lustlos sich abwenden lassen und macht sie, wie die Erfahrung lehrt, zu Feldzügen gegen ihresgleichen völlig untüchtig. Welches Glück schließlich, über Jahre und Jahrzehnte erzieh- und beeinflußbar zu sein! Denn wie sonst sollte man in einem Wesen, das auf Kindesbeinen den Versuchungen der Langmut, des Vertrauens, der Liebe und Zärtlichkeit so überaus empfänglich ist, jene gegenteiligen Charaktereigenschaften der Unduldsamkeit, Härte, Gefühlskälte, der Lust an Strafe, Schmerz und Gewalt erzeugen, derer es so nötig bedarf, um die äonenlangen Bemühungen der Gattung um Selbstbefreiung endlich mit globalem Erfolg zu krönen.

Nein, wir sind keine Mängelwesen; wir sind überreich beschenkt mit Anlagen, die uns für die Erfüllung unserer Aufgabe prädestinieren und einem Scheitern auch nicht den Schatten der bequemen Ausrede oder Entschuldigung belassen. Und die weitaus kostbarste Gabe der Natur ist das Organ unter unserer Schädeldecke und seine rapide Entwicklung, die Zerebralisation, über die Gerhard Heberer ausführt:

> Sie ist einzigartig in Geschwindigkeit und Ausmaß sowie grundlegend für die Fortführung der »Menschwerdung« seit dem Tier-Mensch-Übergangsfeld. In rasantem Tempo, im Laufe weniger Jahrhunderttausende, wird von einem Gehirn-

volumen von maximal etwa 600 cm^3, vielleicht auch ein wenig darüber (Australopithecinen), über 1000, 1100, 1200 (Frühmenschen), 1600 (Neandertaler) bis 2000 cm^3 (extremer Wert von Homo sapiens) das heutige Volumen erreicht, das in der Lage ist, die biologisch-technischen Großtaten zu vollbringen, die unser heutiges Weltbild bestimmen (Heberer 1973: 93),

und das, so ist man geneigt hinzuzusetzen, diese Welt in einem Zustand hinterlassen wird, von dem sich eben dieses Organ gegenwärtig noch kaum ein Bild macht.

XV

Nicht wenige Zivilisationskritiker der Gegenwart, die die Diskrepanz zwischen den ihnen ansozialisierten humanistischen Idealen und einer diesen Wunschvorstellungen ins Gesicht schlagenden Wirklichkeit sehr wohl sehen, sich der Wende zum anthropofugalen Denken aber beharrlich verweigern, gefallen sich angesichts ihrer Unfähigkeit, eine schlechte Realität zu verändern, darin, den Denk- und Erkenntnisapparat des Untiers zu verunglimpfen, und überbieten sich dabei in pseudowissenschaftlichen Erklärungen wie:

> Die Nervenbahnen zwischen den archaischen Strukturen des Stammhirns und dem Neocortex sind anscheinend unzulänglich. ... Statt ... das alte Gehirn in ein neues *umzuwandeln*, gab die Evolution sich damit zufrieden, der alten Struktur einfach eine neue, differenziertere Struktur *aufzupfropfen*, ohne Funktionsüberschneidungen zu verhindern und ohne das neue Gehirn mit eindeutigen Kontrollbefugnissen über das alte auszustatten. Kraß ausgedrückt: Die Evolution hat ein paar Schrauben zwischen dem Neocortex und dem Hypothalamus locker gelassen (Koestler 1978: 20)[8]

und in kaum noch verhohlener Diffamierung:

[8] In der Arbeit Charles M. Fairs *Das fehlprogrammierte Gehirn* wird das, was bei seinem populärwissenschaftlich orientierten Kollegen als eherne Gewißheit erscheint, immerhin noch deutlich als Hypothese formuliert, wenn auch diese Vorsicht deren Wahrheitsgehalt nicht steigert. Fair schreibt u.a.: »Die Ursache für die ›innere Einheit‹ bei Tieren ... könnte darin zu suchen sein, daß bei ihnen die Hirnrinde (= Neocortex) nicht ernsthaft versucht, die Rolle der älteren Gehirnstrukturen bei der Verhaltenssteuerung zu übernehmen« (Fair 1971: 33). Beim Menschen aber sei ein Wandel eingetreten, »auf Grund dessen die alte Einheit bzw. die ›Harmonie der Funktionen‹ endlich radikal gestört wurde ... ein neues Funktionssystem nahm möglicherweise innerhalb der Hirnrinde Gestalt an, ein System, das in bezug auf seine Logik und die von ihm gesteuerten Verhaltensweisen den subkortikalen Systemen diametral entgegengesetzt ist« (ebd.: 34f.).

> So, wie in einem lebendigen Organismus, z.B. im Fall der Krebs-Erkrankung ein Zellverband hypertrophieren kann, ist beim Menschen die Intelligenz hypertrophiert, und zwar mehr und mehr, ohne daß dieser Prozeß bisher zu einem Stillstand gekommen wäre. Das ist die Krebsstation, auf der wir versammelt sind (Bilz 1973: 50).

Der Wissenschaftsjournalist Theo Löbsack hat das dürftige Analogieargument der Überentwicklung, das sich eher einem Echsentrauma denn analytischer Verstandestätigkeit verdanken dürfte, auf Konvolutformat gebracht und bekundet darin seine Entschlossenheit, »das Danaergeschenk der Natur, dieses lautlos im Kopf arbeitende Instrument von der Konsistenz frischen Ziegenkäses« (Löbsack 1974: 17), mittels dessen er seine Existenz fristet, entrüstet zurückzuweisen. Die Summe seiner Überlegungen lautet:

> Diese ins Übermaß gewucherte, von ihrer knöchernen Schale nur mühsam an weiterer Ausdehnung gehinderte Masse ist in der Tat den ins Riesenhafte gewachsenen Leibern der Dinosaurier vergangener Zeiten vergleichbar geworden – Tiere, die vor sich selbst kapitulieren mußten. Gigantismus zahlt sich auf der Erde offenbar nicht aus, weder der des Körpers noch der des Geistes (ebd.: 16).

Nichts aber ist unsinniger als diese These vom Hirn als »Exzessivorgan« (ebd.: 250), die im Grunde nur eine Neuauflage der eben kritisierten orthodoxen Lehrmeinung der Anthropologie darstellt, die den Menschen aus lauter Defekten, Mängeln und Unzulänglichkeiten zusammengesetzt sieht. Auch unser Denkorgan nämlich ist ein unserer Bestimmung höchst gemäßes biologisches Ausstattungsstück, für das allein schon Anlaß genug wäre, vor dem Schöpfergott auf die Knie zu fallen – hätte ihn eben dieses Hirn nicht inzwischen als Götzen und Wahnidee und damit als ein eigenes Produkt entlarvt.

Der Nutzen unseres Denkapparates könnte vielfältiger, die Vorteile, die wir ihm verdanken, größer nicht sein. Denn zum einen verschafft er uns durch seine waffentechnische Kompetenz die Mittel, ohne die wir die Trägheit unseres Fleisches in alle Ewigkeit nicht würden überwinden können. Zum anderen liefert er die Rechtfertigungen und Rationalisierungen, die das Untier für seine rastlosen militärischen Exerzitien so dringend benötigt, um jenen Verlockungen zur Untätigkeit, Sanftmut und Toleranz zu widerstehen, die ein pazifistisches Phlegma als »Stimme des Gewissens« feilbietet. Und drittens und letztens reflektiert er in der anthropofugalen Spekulation auf sich selbst zurück, erkennt die genannten Funktionen als sinnvoll und richtig und ringt sich zu der heroischen und jedes andere Wesen in den Irrsinn treibenden Einsicht empor, daß er im Kosmos durchaus fehl am Platze ist, sich aufgrund seines eigenen evidenten Räsonnements das Existenzrecht absprechen muß und also die vordem unbewußten Anstrengungen der Gattung, sich selbst dem Nichts zu überantworten und damit dem perennierenden Leiden Einhalt zu gebieten, nicht nur nicht zu unterlaufen, sondern vielmehr aus vollem Herzen zu fördern, zu bejahen und mit der Gloriole des *summum bonum* aufzuwerten hat.

Nur einer zutiefst derangierten und selbstvergessenen Verständigkeit kann es deshalb so scheinen, als erschöpfe sich die Bilanz der menschlichen Vernunft darin,

> daß gegenwärtig rund 100 Millionen Tonnen rasch sich vermehrender menschlicher Biomasse den Planeten Erde bevölkert, ihn auspowert und seine Rohstoffreserven unbekümmert um den Bedarf künftiger Generationen plündert und damit immer rascher die Lebensgrundlage zerstört, zu der es keine Alternative gibt (ebd.: 16).

Vielmehr hat der Geist alles Menschenmögliche getan, diesen Zustand, der doch gleichsam nur eine Momentaufnahme darstellt, zu terminieren und dem Planeten in naher Zukunft die schroffe Schönheit und Unberührtheit zurückzugeben, die er in jenen Jahrmilliarden besaß, bevor die Folgen der Urzeugung und Selbstbefleckung sein Antlitz so nachhaltig zerfraßen.

Der Geist und sein materielles Substrat, das Gehirn, ist also unser kostbarster, unser heiligster Besitz. So wie der Mensch aber von seinen Talenten und Gaben höchst unterschiedlichen Gebrauch macht und in der Regel eher dazu neigt, sich zu unterfordern, als übergebührliche Anstrengungen zu unternehmen, so gelangt auch die Vernunft immer nur bei wenigen zur höchsten, zur anthropofugalen Ausbildung. Die große Mehrheit der Untiere begnügt sich statt mit der klaren Erkenntnis des Telos der Gattungsentwicklung mit dessen dumpfer und unbewußter Ahnung und geht ganz in der Erfindung jener Mittel und Wege auf, die unserer Bestimmung zweckdienlich und gemäß sind.

Die tägliche und von Kindesbeinen an verabreichte Dosis des humanistischen Narkotikums, das ihnen ihre genügsame Betriebsamkeit versüßt und schöne Träume von Fortschritt und Glück macht, läßt nun unweigerlich die höheren Gehirnfunktionen, die ein Durchschauen jener nützlichen Illusionen gestatten, leerlaufen und verkümmern, so daß eben jenen, die in Millionenheeren die industrielle Sisyphusarbeit, jene unabdingbare Voraussetzung des Großen Inferno, verrichten, der apokalyptischen Zuversicht und der philosophischen Vorschau auf das Ende beraubt sind. Diese Bewußtlosigkeit, aus der sie erst am Tage der Katastrophe erlöst werden, ist beklagenswert und bedauerlich, aber zugleich für die Dynamik und den störungsfreien Ablauf des annihilistischen Prozesses höchst segensreich. Denn diejenigen, die der letzten Wahrheit so lange entwöhnt waren, reagieren im allgemeinen mit heftigen Abwehrreaktionen, ja mit Panik und Revolution, wenn man sie plötzlich und unvorbereitet mit ihrem wirklichen Daseinszweck konfrontiert. Um der großen Aufgabe willen wird man sich deshalb wohl oder übel entschließen müssen, ihnen ihre wohlige Umnachtung zu belassen; und wenngleich wir vom reinen Standpunkt der Anthropofugalität aus die humanistischen Ideologen des 20. Jahrhunderts, die Marxisten, Existenzialisten, Anthropologen und Friedensforscher, scharf verurteilen, so überhebt uns doch dieser Bannspruch distanzierter Spekulation nicht der Einsicht, daß sie gleichwohl wider ihren Willen eine sozial höchst nützliche Funktion erfüllen, indem sie das gemeine Untier gegen die Kälte der anthropofugalen Rationalität in Schutz nehmen, in der es nicht überleben und gedeihen könnte. Und vor diesem Hintergrund findet selbst ein so extremes Wahnsystem wie das des Jesuitenpaters und Ritters der Ehrenlegion Pierre Teilhard de Chardin, der an die evolutionäre Gottwerdung des Menschen[9], eine »Super-Menschheit«

[9] Teilhard synthetisiert den Theozentrismus des Mittelalters mit einem maßlosen Anthropozentrismus, dem die gesamte Naturgeschichte – »Kosmogenese« und »Biogenese« – nur als Vorspiel der Menschwerdung

und »Super-Caritas« (Teilhard 1976: 74) glaubt, das Böse als »Abfall« (ebd.: 60) der Höherentwicklung und die Katastrophe als »faule und billige Hypothese« (ebd.: 40) abtut, seine traurig stimmende, aber unleugbare instrumentelle Rechtfertigung.

erscheint, mit der die »Einrollung der Materie« eine prinzipiell neue Komplexitätsstufe, die der Reflexion, erreiche. Die »planetarische Kompression« (Teilhard 1976: 47) zwingt den Menschen zur kollektiven Ausbildung der sogenannten Noosphäre, die sich Teilhard offenbar als eine Art totalisierter und spiritualisierter katholischer Weltkirche oder planetarische Societas Jesu vorstellt, und zur Konvergenz des zum Lichtwesen sublimierten Untiers mit dem Göttlichen im »Punkt Omega« – eine durch und durch pathologische Vorstellung, wie sie wohl nur im Schutz von Klostermauern gedeihen kann.

XVI

Überblickt man die Geschichte der modernen Philosophie, so scheint das anthropofugale Denken mit seinem Durchbruch im 18. und seiner idealistisch-spekulativen Ausformulierung im 19. Jahrhundert zugleich seinen Höhepunkt erreicht und überschritten zu haben, ja, man könnte geneigt sein, eine Relation umgekehrter Proportionalität zu behaupten, und die These zu formulieren, daß bei fortschreitender Annäherung des Untiers an den Punkt seiner existenziellen Rücknahme und wachsender militärisch-technologischer Kompetenz die Neigung, sich gedanklich mit dieser Entwicklung auseinanderzusetzen und sie als im höchsten Interesse der Gattung liegend zu begreifen, im gleichen Maße schwindet. Diese Beobachtung ist richtig und falsch zugleich, denn zum einen existieren in der Tat intellektuelle Abschottungs- und Selbstschutzmechanismen, ein Täuschungsverlangen, auf das wir noch ausführlicher zurückkommen werden, zum anderen aber ist mit dem Aussprechen der einen anthropofugalen Wahrheit, daß wir besser nicht wären und füglich alles unternehmen müssen, um Dasein in Nichtsein zu überführen, in den Systemen Schopenhauers und von Hartmanns in der Tat der wichtigste Schritt getan, und uns Letztgeborenen ist es aufgegeben, diese Wahrheit zu bewahren und zu ergänzen, ihre zeitbedingten Verzerrungen zu korrigieren und sie in eine Gestalt zu bringen, die dem naturwissenschaftlichen und technologischen Entwicklungsstand der Gegenwart entspricht.

Das philosophische Denken des 20. Jahrhunderts hat sich dieser an sich bescheidenen Verpflichtung, wie abermals betont werden muß, in erschütternder Verantwortungslosigkeit entzogen und die Axiome gedanklicher Menschenflucht an den Rand des Vergessens geraten lassen. Aus dem, was nie mehr als Minoritätenbesitz, gemeinsames gedankliches Gut einer aufgeklärten Elite sein wollte und konnte, hat dieses Zeitalter eine verschrobene Geheimlehre gemacht, etwas, das man nur hinter vorgehaltener Hand, unter der Narrenkappe mokanter Ironie, im Wechselbalg eines despotischen und senilen Humanismus aussprechen darf, und auch das nicht, ohne dennoch ständig der Einschüchterung, sozialen Exkommunikation und Existenzgefährdung gewärtig sein zu müssen. Die not-

Apokalypsen aus zweiter Hand?

Hat der amerikanische Bestseller-Autor Jonathan Schell abgeschrieben? Schell, dessen apokalyptische Visionen vom „Schicksal der Erde“ (SPIEGEL 27/1982) in fünf Sprachen übersetzt wurden und allein in Deutschland eine Auflage von über 100 000 Exemplaren erreichten, habe nicht nur die Grundidee gestohlen, sondern auch fremde Wortschöpfungen abgekupfert: Das behauptet der Wiener Philosoph Günther Anders, der sich seit einem Vierteljahrhundert mit demselben Thema beschäftigt, der „atomaren Drohung“. Vor allem habe Schell seinen philosophischen Kerngedanken des „zweiten Todes“ von dem Wiener. Anders: „Daß er es gewagt hat, ohne Zitierung meinen im Jahr 1952 geprägten und im Jahr 1956 veröffentlichten Neologismus ‚Der zweite Tod‘, der in der Geschichte der Theologie und der Philosophie niemals zuvor verwendet worden war, als Kapitelüberschrift zu verwenden (. . .), ist wohl nicht nur unverschämt, sondern auch ein Zeichen von gröbster Fahrlässigkeit.“ Ende September, vor dem Hamburger Landgericht, stand Gutachten gegen Gutachten. An mangelnder Zitatenfestigkeit litten sämtliche Experten. Die Formel vom „zweiten Tod“ findet sich im „Sonnengesang“ des Franz von Assisi, der auch abgeschrieben hat: Apokalypse 20,14. Die Parteien vereinbarten vorerst ein Stillhalteabkommen.

ieser Marke enthält 0,4mg Nikotin und 9mg Kondensat (Teer). (Durchschnittswerte nach DIN).

wendige Tröstung und Stabilisierung der Vielen durch Sinnangebote und optimistische Weltmodelle hat als Selbstverdummung der Philosophie die Wahrheitssuche der Wenigen infiltriert und hier zur Verketzerung der anthropofugalen Denker oder zur Selbstzensur weniger standhafter kongenialer Geister und zur erschreckenden Deformation ihres Nachdenkens geführt.

Zwei Beispiele, das Ludwig Klages' und das Sigmund Freuds, mögen genügen, um die Pflichtvergessenheit derer zu offenbaren, die die Freiheit des Geistes auf ihre Fahnen geschrieben haben. Ludwig Klages (1872–1956) gilt ihnen als Irrationalist, der die Dreistigkeit besessen habe, »ein rationales System [zu] entwerfen, um die Absurdität der ratio zu beweisen« (Delfgaauw 1966: 82), eine Philosophiegeschichte bezeichnet ihn als »einen der führenden und wirkungsvollsten Matadoren des deutschen Anti-Intellektualismus« (Runes 1962: 319), der, obwohl er 1933 bei der Machtübernahme der Nationalsozialisten in die Schweiz fliehen mußte, einer ihrer geistigen Ziehväter und Mentoren gewesen sei; ein anderes zweibändiges Kompendium der *Hauptströmungen der Gegenwartsphilosophie* mit etwa 1300 Seiten widmet ihm einen Halbsatz (vgl. Stegmüller 1969 I: 97) und ersetzt folgerichtig Denunziation durch das noch wirkungsvollere Schweigen.

Der so aus dem Pantheon der zeitgenössischen Philosophie entfernte Klages ist in Wirklichkeit neben E. M. Cioran einer der wenigen anthropofugalen Denker von Rang, die dieses Jahrhundert hervorgebracht hat. Klages war – schon darin äußerste Herausforderung des nunmehr auch in Philosophenkreisen grassierenden bewußtlosen Optimismus – von der »Unabwendbarkeit des Unterganges« (Klages 1972: 1428) überzeugt, und er erklärt in seiner bedeutendsten Arbeit, *Der Geist als Widersacher der Seele* (1929), den Determinismus der Entwicklung damit,

> daß Leib und Seele untrennbar zusammengehörige *Pole* der Lebenszelle sind, in die von *außenher* der Geist, einem Keil vergleichbar, sich einschiebt, mit dem Bestreben, sie untereinander zu entzweien, also den Leib zu entseelen, die Seele zu entleiben und dergestalt endlich alles ihm irgend erreichbare Leben zu ertöten (ebd.: 7).

Man kann nun die tripolare Begrifflichkeit von Leib, Seele, Geist und den damit abgesteckten Deutungsrahmen seiner Weltanschauung ebenso kritisieren wie die idealistische Hypothek des Weltwillens bei Schopenhauer und bemängeln, daß das Leiden bei Klages aus jener zentralen Stellung im System herausgefallen ist, die ihm gebührt; an der Richtigkeit des phänomenologischen Befundes und der seiner geschichtlichen Prognostik aber ändert sich damit nichts. Klages' Vorhersage:

> Das Wesen des »geschichtlichen« Prozesses der Menschheit (auch »Fortschritt« genannt) ist der siegreich fortschreitende Kampf des Geistes gegen das Leben mit dem ... absehbaren Ende der Vernichtung des letzteren (ebd.: 69)[10],

ist ebenso korrekt wie die Einschätzung der Technik als einer die Erde verwüstenden Macht, »in Vergleichung mit der alle Untaten der Dschingischane nur wie Narrenpossen spielender Knaben anmuten« (ebd.: 624). Und mit bewundernswerter anthropofugaler Klarsicht erkennt er auch die eigentliche, vom Humanismus auf den Kopf gestellte Mission des Untiers und dessen unstillbaren Zerstörungsdrang, der bereits ausgereicht hat,

> um Dutzende von Stämmen der Primitiven, Hunderte von Pflanzengeschlechtern, doppelt und dreimal so viele Tierarten auf dem Lande, in der Luft, im Wasser vom Antlitz des Planeten zu tilgen. Der Tag ist nicht fern, wo sie alle vertilgt sein werden ... Das Weltall ist für diesen Vertilgungswahn etwas allzu geräumig, die *Erde* aber, sollte nicht zeitig ein »Wunder« geschehen, wird daran sterben (ebd.: 768).

Der Ausbruch des Zweiten Vorbereitungskrieges liegt zu dem Zeitpunkt, als Klages diese Sätze veröffentlicht, noch fast ein Jahrzehnt in der Zukunft, und die Waffen, die unser Ende besiegeln,

[10] Klages hat das Ziel der Menschheitsentwicklung, das Telos der Humanisation, wiederholt umschrieben und es dabei auch an drastischer Deutlichkeit nicht fehlen lassen. So spricht er einmal von den »Vergewaltigungen, die dem Erdenleben durch eine Intelligenz widerfuhren, deren Endziel es wäre, das Nichts zu verwirklichen« (ebd.: 673), ein andermal vom technologischen Bemächtigungswillen, als dessen »Ziel sich immer deutlicher die Vertilgung unzähliger Tiergeschlechter, ja schließlich aller Lebewesen des Erdballs herausschält« (ebd.: 724).

sind noch gar nicht entwickelt. Trotzdem besitzt auch er das apokalyptische Bewußtsein jedes echten Visionärs und dessen große Hoffnung, die gerade nicht auf das eigene oder das Überleben der Gattung abzielt, sondern auf Erlösung und die sich damit aus der Menschenleere der Nachgeschichte speist. Wir sind »letzte Mohikaner«, schreibt Klages und fährt fort:

> Wer aber von solchen noch Wünsche zu hegen wagt, müßte nur eines wünschen: daß eine derart Verruchtes vollbringende Menschheit *so schnell wie möglich* absinke, veraffe, verende, damit um ihre verwitternden und verfallenden Arsenale des Mordes noch ein Mal begrabend, entmischend und sich selbst erneuernd der Rausch der Wälder brande (ebd.: 768).

Klages' beschwörendes Herbeisehnen des homo extinctus ist dem Partialismus seines Zeitgenossen Oswald Spengler, dem lediglich der *Untergang des Abendlandes* vor Augen stand, weit überlegen – andererseits aber fällt er hinter die radikale Folgerichtigkeit eines von Hartmann zurück, entspringt sein Wunsch nach dem Ende doch nicht der solidarischen Einsicht in die Allgegenwart der planetarischen Qual, sondern gerade einer »leidenschaftlichen Liebe des [geistlosen] Lebens« (ebd.), also der Vergötterung eines *vorbewußten* Vitalen. Dieses Organische will Klages von der Geißel eines es ausbeutenden, versklavenden und niederhaltenden Intellekts befreien und übersieht dabei, daß es – wie der Sklavenhalter selbst – einer noch ungleich grausameren Tortur unterliegt, der des unerbittlichen Vegetierens und Daseinskampfes nämlich. Klages' Annihilismus ist narzißtisch, weil er lediglich die Rücknahme des Menschen propagiert; die höchste Stufe anthropofugaler Vernunft aber kann sich mit dieser ausschließlichen Sorge um das eigene Heil nicht mehr zufriedengeben, sondern wird sich ihrer Verantwortung für die gesamte Biosphäre bewußt werden und ihre Lösungsansätze entsprechend neu bewerten und universalisieren müssen.

Vielleicht ist der Vernichtungs- und Selbstzerstörungswille des Menschen überhaupt nur die höchste und erstmals zum Bewußtsein seiner selbst gelangte Manifestation eines Urimpulses und Protoinstinkts, der allem Lebendigen innewohnt und es in seinen Untergang treibt. Vielleicht war die gesamte Evolution nichts anderes als ein gigantischer Umweg, den das Plasma nahm, um sich nach dem

Sündenfall der Urzeugung und seiner Vertreibung aus dem Anorganischen seiner neuerworbenen potentiellen Unsterblichkeit zu berauben und nach Äonen des Wucherns erneut ins Nirwana des Staubes und der Gase einzugehen. Und vielleicht ist das Untier mit all seinem Erfindungsreichtum, seinem Selbstbewußtsein und seiner Philosophie nicht die Krone der Schöpfung, sondern bloß ihr Strick, die ingeniöse Methode, auf die vor Milliarden von Jahren der erste Einzeller verfiel, um nach ebenso vielen Zellteilungen und Teilungen von Teilungen, die sein Leben multiplizierten, doch noch Selbstmord zu begehen.

Wer solchen Spekulationen vom langen Marsch der Amöbe in den Tod, vom geduldigen Suizid der DNS vorwirft, sie seien märchenhaft und phantastisch, der vergißt das Erkenntnispotential jener Urmythen von Götterdämmerung und Kataklysmus, die am Beginn unserer Untersuchung standen. Daß der neue Mythos mit evolutionstheoretischer Umständlichkeit erzählt wird, tut dabei wenig zur Sache; wichtig ist allein die Befreiung mythischen Bewußtseins aus der Babylonischen Gefangenschaft wissenschaftlicher Rationalität – ein Auszug, zu dessen Führer der Schöpfer der Psychoanalyse, Sigmund Freud, hätte werden können.

Freud, der seine Lehre in einem Brief an Albert Einstein vom September 1932 ausdrücklich als »eine Art Mythologie« (vgl. Einstein/Freud 1934: 16) bezeichnet, macht 1920 in *Jenseits des Lustprinzips* die entscheidende Entdeckung eines Konkurrenten zum ehedem absolut gesetzten Lebenstrieb und libidinösen élan vital, eines mächtigeren Rivalen, den er ebenfalls nicht nur im Menschen, sondern in allen Geschöpfen vermutet und als Todes- oder Destruktionstrieb bezeichnet. Der Gegenspieler des Eros ist regressiv orientiert und tendiert zur Wiederherstellung eines vorlebendigen Zustandes; als Endziel alles organischen Strebens gibt Freud an:

> Der konservativen Natur der Triebe widerspräche es, wenn das Ziel des Lebens ein noch nie zuvor erreichter Zustand wäre. Es muß vielmehr ein alter, ein Ausgangszustand sein, den das Lebende einmal verlassen hat, und zu dem es über alle Umwege der Entwicklung zurückstrebt. Wenn wir es als ausnahmslose Erfahrung annehmen dürfen, daß alles Lebende aus *inneren* Gründen stirbt, ins Anorganische zurückkehrt, so können wir

nur sagen: *Das Ziel alles Lebens ist der Tod*, und zurückgreifend: *Das Leblose war früher da als das Lebende* (Freud 1969 XIII: 40).

Der Evolutionsprozeß erscheint aus diesem Blickwinkel nicht mehr als selbstgenügsame oder teleologische Komplexierung und Höherentwicklung, sondern als immer weitläufigere Umleitung zur Stillstellung des Stoffwechsels, als grotesk außer Façon geratenes Euthanasieprogramm:

> Irgend einmal werden in unbelebter Materie ... die Eigenschaften des Lebenden erweckt. ... Die damals entstandene Spannung in dem vorhin unbelebten Stoff trachtete danach, sich auszugleichen; es war der erste Trieb gegeben, der, zum Leblosen zurückzukehren. Die damals lebende Substanz hatte das Sterben noch leicht, es war wahrscheinlich nur ein kurzer Lebensweg zu durchlaufen, dessen Richtung durch die chemische Struktur des jungen Lebens bestimmt war. Eine lange Zeit hindurch mag so die lebende Substanz immer wieder neu geschaffen worden und leicht gestorben sein, bis sich maßgebende äußere Einflüsse so änderten, daß sie die noch überlebende Substanz zu immer größeren Ablenkungen vom ursprünglichen Lebensweg und zu immer komplizierteren Umwegen bis zur Erreichung des Todeszieles nötigten. Diese Umwege zum Tode, von den konservativen Trieben getreulich festgehalten, böten uns heute das Bild der Lebenserscheinungen (ebd.: 40f.).

Welch eine grandiose Gegenvision zum grobschlächtigen Darwinismus! Keine einmalige Urzeugung, die eine blühende, lebensvolle und von Vitalität überbordende Welt aus sich entließe, sondern im Gegenteil Verweigerung, das Nein zum Sein von Anbeginn an. Die zum Urleben zusammengekoppelten Riesenmoleküle zerfallen, kaum daß die Selbsterhaltungsschwelle erreicht ist, stehlen sich davon aus der Unnatur des Organischen, fliehen das Unheil der Generationen von Immergleichem. Trotzdem wieder und wieder die Schöpfungsanfälle kosmischer Paranoia, wieder und wieder wird Leben zusammengeschustert, die Temperatur austariert, die Umgebung mit Nährstoffen überschwemmt, bis – bis der ersten Urzelle die Flucht mißlingt und der Desintegrationsversuch als Zellteilung, als Verdoppelung des Unnatürlichen durch sich selbst, auf das perverseste scheitert.

Dem Fluch der Fortsetzung und Vermehrung, der den Ausweg ins Nichts versperrt, ist das Leben, das nicht leben will, Ewigkeiten schutzlos ausgeliefert, bevor die Ausdifferenzierung der Arten die Gegenwehr des sich Fressens und Verschlingens, jenen Kannibalismus des Vitalen gestattet, der das Nein zur Schöpfung so ungebrochen demonstriert. Aber die Revolte scheitert, auch für den Fressenden finden sich Fresser, die dessen Opfern Luft schaffen – die Nahrungskette entsteht, jener diabolische Einfall des Schöpfungswahns, der das revoltierende Organische wider Willen am Leben hält und seine Aufsässigkeit drakonisch mit dem Schmerz, der Qual und dem Leiden bestraft, die es von nun an begleiten sollen. Und keiner der künftigen Schritte, die das Leben gegen sich selbst unternimmt, keine der Viren, Bakterien, Mikroben und Parasiten, keine der von ihnen ausgelösten Seuchen und Krankheiten hat im Endeffekt mehr erbracht als eine weitere Steigerung dieses Strafmaßes.

Der Teufelskreis der Vitalität scheint geschlossen, das Lebendige auf immer zum Leben verdammt. Aber in Wirklichkeit sind es nur die bewußtlosen, instinktgesteuerten Ausbruchsversuche und ihre ebenso sinnleere wie hartnäckige Wiederholung, deren Scheitern offenkundig wird. Mit dem Abrufen immer desselben Gattungsprogramms, das den einzelnen Vertreter einer Spezies zwar nach den vorgegebenen Mustern verläßlich zu Tode bringt, aber weder die Existenz der Gattung als solcher noch die größerer Vitalsphären gefährdet, ist es nicht getan; vielmehr sind die im Evolutionsprozeß entwickelten und eingespeicherten Laufbahnen ins Anorganische aufgrund ihrer Umständlichkeit und Inflexibilität gerade zu den mächtigsten Stützen des Lebens entartet, gilt doch nach Freud,

> daß der Organismus nur auf seine Weise sterben will ... Dabei kommt das Paradoxe zustande, daß der lebende Organismus sich auf das energischeste gegen Einwirkungen (Gefahren) sträubt, die ihm dazu verhelfen könnten, sein Lebensziel auf kurzem Wege (durch Kurzschluß sozusagen) zu erreichen, aber dies Verhalten charakterisiert eben ein rein triebhaftes im Gegensatz zu einem intelligenten Streben (ebd.: 41).

Freud hat sich mit solchen Überlegungen nicht nur dem Pessimismus eines Schopenhauers angenähert und die Übersetzung seiner Weltanschauung aus einer veralteten idealistischen in eine moderne biologisch-evolutionistische Terminologie skizziert, sondern er steht mit der Einsicht in das Fehlschlagen instinktabhängiger Lebensverneinung auch an der Schwelle des philosophischen Annihilismus als eines nunmehr *intelligenten* Strebens nach Auflösung, das über jene Befähigung zum »Kurzschluß« verfügt, der die Instinktsteuerung ermangelt, und auf der deshalb die Erlösungshoffnungen der gesamten Schöpfung ruhen.

Aber das Joch mitleidsloser humanistischer Indoktrination, unter dem dieses Jahrhundert sich wie kaum ein anderes niedergedrückt findet, nimmt Freud den aufrechten anthropofugalen Gang, kaum daß er die ersten Schritte getan hat. Schon schrillt das »Apage Satanas« der neuen anthropozentrischen Inquisition in seinen Ohren, schon formiert sich die Prozession der akademischen Hexenjäger vor seinem geistigen Auge, schon richtet die Selbstzensur über seine Entdeckung. Und der Forschungsreisende ins Unbewußte, der zum Kopernikus und Giordano Bruno einer neuen Wissenschaft vom Leben hätte werden können, schwört ab, widerruft, noch ehe er vor die Tribunale der Gerechten zitiert wird: »Aber besinnen wir uns, dem kann nicht so sein!« (ebd.: 41).

Freuds »Selbstbesinnung« will den ontologischen Primat des Urtriebs zum Tode nicht mehr wahrhaben und balanciert ihn in einem manichäischen Dualismus mit dem Lebenstrieb aus, dessen Stärkung und therapeutischer Pflege er sich fürderhin mit dem Eifer einer verheimlichten und überkompensierten Neigung zur antihumanistischen Häresie widmet. Seine philanthropische Attitüde aber hat sich für die Fortentwicklung der Psychoanalyse als äußerst hinderlich und nachteilig erwiesen, weil sie ihrerseits Denkverbote erzeugte und Freuds Schüler das nicht oder nur durch den Zerrspiegel menschentümelnder Entrüstung wahrnehmen ließ, was dem anthropofugalen Denken zu schönsten Hoffnungen Anlaß gibt.

Schlagendes Beispiel eines derartigen zielblinden Nachdenkens über den Menschen, wie wir es bereits in der Anthropologie kennengelernt haben, ist Erich Fromms psychoanalytisch ausgerichtete *Anatomie der menschlichen Destruktivität.* Der Autor gelangt schon auf den ersten Seiten zu der wesentlichen Einsicht:

> Der Mensch unterscheidet sich . . . vom Tier dadurch, daß er ein Mörder ist. Er ist der einzige Primat, der seine Artgenossen ohne biologischen und ökonomischen Grund tötet und quält und der dabei Befriedigung empfindet (Fromm 1974: 4),

bewertet dieses Gattungsmerkmal aufgrund anthropozentrischer Parameter aber völlig falsch, nämlich nicht als Auszeichnung und Privileg, sondern als »biologisch nicht angepaßte . . . ›bösartige‹ Aggression, die das wirkliche Problem und die Gefahr für das Fortleben der Spezies Mensch ist« (ebd.).

Wie Freud kann er sich bei der Diagnose der Nekrophilie des Untiers, die automatisch auch eine Prognose des gattungsgeschichtlichen Ziels, die Offenlegung seiner »Mission« impliziert, nicht beruhigen:

> Die Nekrophilie kann man . . . definieren als *das leidenschaftliche Angezogenwerden von allem, was tot, vermodert, verwest und krank ist; sie ist die Leidenschaft, das, was lebendig ist, in etwas Unlebendiges zu verwandeln, zu zerstören um der Zerstörung willen* (ebd.: 301),

sondern muß das Augenfällige, daß wir hier sind, um ein Ende zu machen, leugnen, verdrängen, beschönigen und wegdiskutieren. Wie durch Zauberei ist dann auch flugs die »fundamentale Alternative« (ebd.: 332) einer ebenfalls für angeboren erklärten »Biophilie« zur Hand, die die Selbstachtung und das Renommee humanistischer Wissenschaftlichkeit gleichermaßen sichert und erneut zu jenen Patentrezepten der Melioration des Untiers, jener besserwisserischen psychoanalytischen Quacksalberei Anlaß gibt, die gutes Gewissen und gutes Geschäft verheißt und Tausende und Abertausende skrupulöser Krüppel produziert, die – halb aufgeklärt und mit sich zerfallen – nicht mehr die Kraft aufbringen, ihrer anthropofugalen Bestimmung zu leben oder auch nur ihrem matten Siechtum ein Ende zu setzen.[11]

[11] Im Gegensatz zu der aufgeklärten Haltung schon eines Plinius, Seneca oder Cicero sieht die Psychoanalyse trotz ihres vorgeschützten deskriptiven Objektivismus im Selbstmord unterschwellig noch immer einen Akt des sich Davonstehlens, des Eskapismus, der dem moralischen Tadel unterliegt. Eine rühmliche Ausnahme macht hier lediglich Karl Menningers erstmals 1938 veröffentlichte Studie *Selbstzerstörung*, die davon ausgeht, »daß sich letztlich jeder Mensch selbst tötet, auf seine eigene, selbstgewählte Weise, schnell oder langsam, früher oder später« (Menninger 1974: 11), mehr noch, daß wir »im Grunde unseres Herzens alle sterben wollen« (ebd.: 17), und die deshalb den klassischen Suizid mit seinen verdeckteren Varianten wie dem chronischen Selbstmord (Askese, Märtyrertum, Neurose, Alkoholismus), dem fokalen (Selbstverstümmelung, multiple Operationen, Unfälle) und dem organischen Selbstmord durch Krankheit zusammen behandelt. Die anthropofugale Einsicht, daß der Selbstmörder den ultimativen Akt der Gattungsannihilation in einer Art ungeduldigen Symbolismus' antizipiert, und jeder, der Hand an sich legt und so ostentativ für das Nichtsein votiert, mit seinem entseelten Leib ein Mahnmal aufrichtet gegen humanistischen Überlebensdünkel und die satte Trägheit, die das Kollektiv von seinem Weg nach Harmaggedon abführen will, ist allerdings auch Menninger verschlossen geblieben.

XVII

Der über eine verfälschende Rezeptionsgeschichte zur persona non grata erklärte Ludwig Klages, der tiefe Bruch im Denken Freuds, der horrende Wirklichkeitsverlust seiner Anhänger, alles das verdeutlicht schlaglichthaft das intellektuelle Ruinenfeld, das die Wiederaufrichtung des humanistischen Popanz im kriegslüsternen 20. Jahrhundert hinterlassen hat. Geistiges Überleben war in diesem Terrain mehr als schwierig und das hohe Risiko hat temporär zu einer weiteren Dezimierung der ohnedies versprengten Partisanen anthropofugaler Résistance geführt – allein, die Wahrheit kennt Niederlagen, aber keine Kapitulation, und seit den 60er Jahren ist trotz erbitterter humanistischer Störmanöver eine Phase erneuter Stabilisierung und Konsolidierung zu verzeichnen, die darauf hoffen läßt, daß das Untier – wie es seiner Intelligenz gebührt – sehenden und verständigen Auges jenen apokalyptischen Streich gegen sich selbst und die mitleidende Kreatur führen wird, für den es sich seit dem Zweiten Vorbereitungskrieg so fieberhaft ertüchtigt.

Immerhin existieren inzwischen Dokumentationen, die das Untier nackt vorführen und seine tollwütigen historischen Manifestationen, den Veitstanz seines Fortschritts, das unablässige Vae Victis marodierender Bestien nicht länger humanistisch ummänteln und metaphysisch retuschieren. Statt die Leistungen der Generäle, Feldherren, Industriellen und Politiker herauszustreichen, die sich rechtzeitig auf die Seite des Siegers schlugen, anstelle einer üblichen »Geschichte« des 20. Jahrhunderts also, gibt etwa Karlheinz Deschner dessen »Pathographie« heraus, eine Krankheitsgeschichte jener Dekaden, in denen sich das Resultat von fünf und mehr Jahrtausenden Zivilisation noch einmal in nuce darstellen zu wollen scheint – als »Gier und Gewalt, eine Kette von Katastrophen. Der ewige Bankrott. Geschichte« (Deschner 1966: 8).

Was Deschner und seine Mitarbeiter exemplarisch behandeln, das verfolgt Hans Dollinger in seinem *Schwarzbuch der Weltgeschichte* ab ovo, d.h. vom Anbeginn schriftlicher Aufzeichnung und dem Einsetzen des historischen Gedächtnisses des Untiers an. Und auch hier ist es die »Kehrseite« der offiziellen Geschichtsschreibung, die

Dollinger aufdeckt, ist es eine blutbefleckte, angesengte, zerfetzte Leinwand, das wahre Schweißtuch der Gattung, was unter der Tünche und den fettbunten Farbschichten der Historienmalerei zum Vorschein kommt. Als »höherer Sinn« bleibt allein die iterative Monotonie der Pogrome, »eine nie abreißende Kette von Verbrechen gegen den Menschen, von Verfolgungen, Vertreibungen, Massenfluchten, Aussiedlungen und systematischen Ausrottungen« (Dollinger 1973: 6), samt und sonders Ausgeburten ein und derselben genoziden Mentalität, die ihre vollständige Ausprägung lange vor Auschwitz, lange auch vor Cortez' und Pizarros Endlösungsprogrammen in der Inka- und Aztekenfrage erreichte und schon bei dem Assyrerkönig Assurnasipal II (883–859 v. u. Z.) in höchster Blüte stand, der die Nachwelt über seine – freilich noch handwerklich-vorindustriellen – Massenvernichtungskünste denn auch nicht im dunklen lassen wollte:

> Ich tötete immer den zweiten Mann; ich baute eine Mauer vor den Haupttoren der Stadt. Schinden ließ ich die Rädelsführer, und mit ihrer Haut überzog ich jene Mauer. Einige wurden darin lebendig eingemauert, andere entlang der Mauer gepfählt. Eine große Zahl ließ ich schinden und bekleidete die Mauer mit ihrer Haut. Ihre Köpfe ließ ich in Gestalt von Kränzen und ihre Leiber als Girlanden sammeln (ebd.: 20).

Illusionslose Inventur und Bestandsaufnahme, wie sie in den beiden genannten Arbeiten in Angriff genommen wird, ist auch Voraussetzung für die überfällige Wiederauferstehung der Philosophie, die derweil zum humanistischen Halluzinogen der Intelligenz verkommen ist. Glücklicherweise besteht auch hier begründete Hoffnung auf Wiedereinsetzung der anthropofugalen Vernunft in ihre alten und angestammten Rechte, hat sie doch u.a. im französischen Strukturalismus, insbesondere aber in seinem radikalsten Vollender und Überwinder Michel Foucault, erstmals wieder wirkungsvolle und integre Verfechter gefunden.

Claude Lévi-Strauss etwa sieht in *Das Wilde Denken* das Untier gegenüber dem Diktat der Strukturen in einer dezentrierten und peripheren Position und erklärt, »daß das letzte Ziel der Wissenschaft vom Menschen nicht das ist, den Menschen zu konstituieren, sondern das, ihn aufzulösen« (Lévi-Strauss 1973: 284). Diese Auflösung ist auch der Schlüssel zum Denken Foucaults, dem distanziertes Philosophieren ein »Graben unter unseren Füßen« (Foucault 1974: 14), permanente Subversion, bedeutet, und der mit seinem Œuvre folgerichtig Sabotage an den verknöcherten Überzeugungen und Wesensgewißheiten des Humanismus übt:

> In unserer Zeit kann man nur noch in der Leere des verschwundenen Menschen denken. ... Allen, die noch vom Menschen, von seiner Herrschaft oder von seiner Befreiung sprechen wollen, all jenen, die noch fragen nach dem Menschen in seiner Essenz, jenen, die von ihm ausgehen wollen, um zur Wahrheit zu gelangen, jenen umgekehrt, die alle Erkenntnis auf die Wahrheiten des Menschen selbst zurückführen, allen, die nicht formalisieren wollen, ohne zu anthropologisieren, die nicht mythologisieren wollen, ohne zu demystifizieren, die nicht denken wollen, ohne sogleich zu denken, daß es der Mensch ist, der denkt, all diesen Formen linker und linkischer Reflexion kann man nur ein philosophisches Lachen entgegensetzen (Foucault 1971: 412).

Foucaults Hauptwerk *Die Ordnung der Dinge* ist diesem Credo gemäß Ausgrabung von Verschüttetem, eine – wie der Untertitel formuliert – »Archäologie der Humanwissenschaften«, die noch deren Fundamente freilegt, feststellt, daß sie wie das Gebäude längst erodiert und zerfressen sind, und füglich mit der Wette schließt, »daß der Mensch verschwindet wie am Meeresufer ein Gesicht im Sand« (ebd.: 462). Gewiß, dieser Satz ist bei Foucault noch nicht unmittelbar existenziell, als Vorhersage apokalyptischer Selbstaufhebung also, gemeint, sondern prognostiziert lediglich die Ablösung einer humanistischen Episteme, d.h. einer am Menschen ausgerichteten Organisationsform des Wissens, zugunsten einer gegenüber dem Subjekt höchst indifferenten Ordnung der Dinge. Insofern ist sein anthropofugaler Ansatz auf erkenntnistheoretisches Terrain begrenzt und bleibt hinter den universalistischen Systemen eines Klages, von Hartmann und Schopenhauer zurück. Aber schon anthropofugale Epistemologie besitzt in einer humanistisch okkupierten und reglementierten kulturellen Umwelt wichtige Brückenkopffunktionen, und Foucault hat keinen Zweifel daran gelassen, daß er diesen Brückenkopf zu halten, ihn auszubauen und zu Ausfällen gegen den »Gedanken vom unverjährbaren Wert des Menschen« (Foucault 1974: 16) oder eudämonistische

Heilslehren zu nutzen gedenkt, zu denen er in einem Interview ausführt:

> Wenn wir über das Problem des Humanismus zu diskutieren scheinen, beziehen wir uns eigentlich auf ein einfacheres Problem, auf das des Glücks. Ich behaupte, daß sich der Humanismus zumindest auf der politischen Ebene als jene Einstellung definieren läßt, derzufolge es Zweck der Politik ist, das Glück herbeizuführen. Meiner Überzeugung nach kann aber der Begriff des Glücks nicht mehr gedacht werden. *Das Glück existiert nicht und das Glück der Menschen existiert noch weniger* (ebd.: 29).

XVIII

Foucault ist – wie seine strukturalistischen Weggenossen – ein Wiederentdecker, der sich trotz seiner Belesenheit und Kenntnis der Philosophiegeschichte auf philosophischer terra incognita fühlt und vergessen hat, daß das, was er so mühsam vermißt und auskundschaftet, schon einmal kartographiert und auf den Begriff gebracht worden ist. Dieser Irrtum ist tragisch, denn das humanistische Interregnum, das er bekämpft und zu beenden sucht, demonstriert so noch im Sturz seine Macht über den Insurgenten, indem es ihn von den anthropofugalen Traditionen abschneidet, deren Kenntnis seinen geistigen Weg müheloser, seine Einsicht tiefer und seine Perspektive weiter hätte werden lassen.

Vergleichbare Vorbehalte auch bei seinem aus Rumänien gebürtigen, naturalisierten Landsmann E. M. Cioran, der Foucault derzeit an Bekanntheit weit unterlegen, an anthropofugaler Konsequenz aber zu ebensolchen Graden über ist, machen zu wollen, hieße, sich dem berechtigten Vorwurf geistesgeschichtlicher Kurzsichtigkeit auszusetzen. Cioran ist philosophisch zu Ende gekommen; nicht als Pfadfinder, Wegbereiter oder Nachdenker des fahrlässig Vergessenen und Verdrängten wird er deshalb in die Annalen der anthropofugalen Philosophie eingehen, sondern als neuer Schopenhauer jenes Zeitalters, das man in Anlehnung an die gebräuchlichen erdgeschichtlichen Termini als Präapokalyptikum bezeichnen könnte – ein Pessimist, Lebensverneiner und Stilist von höchstem Niveau, ein anthropofugales Genie, das mit dem begnadeten Verfasser der *Welt als Wille und Vorstellung* sogar noch seine Fehler teilt, von denen der schwerwiegendste in beiden Fällen jene idealistische Abgehobenheit ist, die über den wohlgesetzten Jeremiaden, den ziselierten Bannflüchen und dem wortgewaltigen Ekel jenes konkrete Nachdenken über die Mittel und Wege vernachlässigt, mit deren Hilfe das planetarische Jammertal für immer befriedet werden könnte. Schopenhauers Versagen, seine Flucht in die individuelle Askese, ist dabei aufgrund der annihilistischen Impotenz der zeitgenössischen Militärmaschinerien mehr als verständlich, Ciorans vornehme Enthaltsamkeit gegenüber dem modernen ABC der Vernichtung ist es kaum.

Wie zweitrangig und nebensächlich aber wird aller Tadel dem, der Cioran liest. Ist es nicht zuweilen, als ob die anthropofugale Vernunft selbst zu uns spräche, eine posthume Stimme aus der Nachgeschichte, der Menschenleere, der leblosen und mineralischen Kühle nach der Katastrophe, »ein Fötus, zerfressen von einer allwissenden Idiotie, noch ehe seine Augenlider sich öffnen, eine wissende Totgeburt« (Cioran 1978: 194)? Erinnerungen an das Untier steigen auf, fossile Reminiszenzen, eingebettet in das Sediment der Erleichterung darüber, daß es vorbei ist, retrospektive ausgeweidete Visionen; und die Aussicht der Ganglien auf Versteinerung, das vorausgeahnte große Aufatmen der Materie, der Seinsfriede, lockt, drängt, treibt an, stachelt auf.

»Denken ist unterhöhlen« (Cioran 1977: 150), heißt es in der Aphorismensammlung *Vom Nachteil geboren zu sein*, es ist ein Aufschrecken aus dem Nachtmahr des Lebendigen, ein letzter Liebesdienst für die, »die nicht mehr für lange da sind . . . für *Gladiatoren*« (ebd.: 77), für die »morituri« in der Arena des planetarischen Circus Maximus. Denken ist das Eingeständnis, »daß wir hienieden sind, um einander unglücklich zu machen« (ebd.: 143), ist Aufklärung über das Untier, jenen Spezialisten in »Gegen-Schöpfung« (Cioran 1965: 85), jenen Mörderaffen und Henker, der noch in der Larve bürgerlicher Bonhomie in seinen Wunschträumen »einen Friedhof voller Freunde und Feinde hinter sich her[schleppt]« (Cioran 1978: 70).

Was ist diese Masse von »Hampelmännern, die mit roten Blutkörperchen vollgestopft wurden, um die Geschichte mitsamt ihren Grimassen zu gebären« (ebd.: 86); was sollen diese »Unheilbaren«, diese »schmerzdurchzuckte Materie«, dieses »brüllende Fleisch«, das »von Schreien zernagte Gebein« (Cioran 1972: 17), dieser wuchernde »Krebs der Erde« (Cioran 1977: 136)? Cioran, der die Sinnattrappen der Religion und einer korrumpierten Philosophie verwirft, befragt die Spuren und gelangt in seiner *Lehre vom Zerfall* zu dem Ergebnis:

> Die Geschichte hat keinerlei Sinn: wir haben also Grund zur Freude. Sollten wir vielleicht Qualen ausstehen um eines günstigen Ausgangs des Geschehens willen, um eines letzten Festes willen, dessen Kosten von unserem Schweiß und unserem

> Scheitern bestritten würden? Künftigen Idioten zuliebe, die über unsere Qual frohlocken und auf unserer Asche herumhüpfen? Die Vision eines paradiesischen Endzustandes übertrifft in ihrer Absurdität die schlimmsten Verirrungen der Hoffnung (Cioran 1978: 181).

Ein gutes Ende also ist ausgeschlossen; aber wenn die Geschichte in dieser Hinsicht auch sinn- und ziellos scheint, so besitzt sie doch ein Geheimnis, das es zu lüften gilt, eine perverse Logik, einen im Menschen auf das verheerendste aufbrechenden Un-Sinn:

> Der Schlüssel zu allem, was es in der Geschichte an Unerklärlichem gibt, könnte sich sehr wohl im Wüten gegen sich selbst finden lassen, in dem Abscheu vor Sattheit und Wiederholung, in der Tatsache, daß der Mensch immer dem Unerhörten vor der Routine den Vorzug geben wird. ... Alles was lebt, bejaht und verneint sich bis zur Raserei. Sich hinsterben lassen bezeugt Schwäche; sich selbst vernichten ist Zeichen von Kraft (Cioran 1972: 130f.).

Aus dieser ungetrübten anthropofugalen Einsicht in Geschichte als Schädelstätte und Beinhaus eines manischen, eines unheilbar blindwütigen Schlachtens, Schindens und Schleifens, des Zerstörenmüssens bis zum letzten, folgt für Cioran alles weitere mit Notwendigkeit. Der Mensch, so die erste Konklusion, kann und wird nicht dauern:

> Die Erschöpfung wartet auf ihn, und er wird für seine allzu originelle Laufbahn zahlen müssen. Denn es wäre unvorstellbar und widernatürlich, daß er sich noch lang weiterschleppte und gut endete (Cioran 1977: 112).

Wir alle schon sind letzte Menschen, Endzeitler, Nachgeburten, Abdecker unserer selbst und unserer Traditionen:

> Wir sind die großen Altersschwachen, Urträume drücken uns zu Boden, nie mehr bringen wir Utopien zuwege, wir sind Techniker der Müdigkeiten, Totengräber der Zukunft ... Der Baum des Lebens – er geht keinem neuen Frühling entgegen: sein Stamm ist verdorrt; man wird aus ihm Särge zimmern für

> unsere Knochen, Träume und Schmerzen. Unser Fleisch hat den Gestank der schönen Kadaver geerbt, die über die Jahrtausende hin verstreut liegen. Ihr Ruhmesglanz bestrickt uns: wir haben ihn ausgekostet bis zur Neige. Auf den Friedhöfen des Geistes ruhen Prinzipien und Formeln: das Schöne wurde definiert – es liegt hier begraben. Und ebenso das Wahre, das Gute, das Wissen und die Götter. Sie alle verwesen hier. ... Und über einer Unzahl von Grabplatten, unter denen Delirien und Hypothesen ruhen, erhebt sich das Mausoleum des Absoluten: hier sind die falschen Tröstungen bestattet und die trügerischen Höhenflüge der Seele (Cioran 1978: 149).

Aber, so die zweite Folgerung, unsere Agonie und Selbstzerfleischung geschieht bei klarem Verstand, nicht unter der Fuchtel von Instinkten oder hinter der Nebelwand verminderter Zurechnungsfähigkeit, und darin liegt Chance und Fluch zugleich. Fluch, weil das Untier nicht umhin kann, einzusehen, daß es einen »biologischen Skandal« (ebd.: 109), »eine Abschweifung, eine Häresie« (Cioran 1972: 13) darstellt und daß seine Suche nach dem Gral des Glücks, dem Neuen Jerusalem, dem irdischen Garten Eden immer nur neue Verwüstungen anrichten, neue Höllen öffnen, die bittere Wahrheit aufs neue bestätigen konnte: »Das Paradies ist die Abwesenheit des Menschen« (ebd.: 84). Chance, weil die Vernunft realisiert, daß die menschliche Existenz doch nur einen Sonderfall des Organischen bildet, von dem ganz allgemein gilt:

> Leben ist ein tragischer Aufstand im Innern des Anorganischen, Leben ist die beseelte und, so muß man wohl sagen, durch Leiden aufgeriebene Materie. Einen Ausweg aus soviel Betriebsamkeit, soviel Dynamik und Tätigkeitsdrang findet man nur, indem man die Ruhe des Anorganischen anstrebt, den Frieden im Schoß der Elemente. Der Wille zur Materie zurückzukehren, bildet den eigentlichen Grund der Todessehnsucht (ebd.: 91).

Dieser Drang ins Anorganische, Kristalline, Mineralische, ins Unbewegte ist – wie aus der Beschäftigung mit der großartigen Intuition Freuds erinnerlich – der gesamten Biosphäre eigen, seine Unterbindung und Blockade Ursache des gepeinigt zuckenden, ewig blutenden Fleisches, das den Planeten bedeckt:

> Alles steuert der Häßlichkeit und dem Gangrän entgegen: dieser Erdball – er eitert und die Lebenden stellen dabei ihre Wunden zur Schau, auf die die Strahlen des Leuchtgeschwürs herabfallen (Cioran 1978: 159).

Das Untier aber, das die Ubiquität des Leidens *begreift*, kann daraus einen unausgesprochenen Auftrag, die Aufforderung, nicht nur für die eigene Gattung, sondern für alles Vitale zu handeln, ableiten. Und es hat die Macht, dem allseitigen Anrufe stummer Qual zu entsprechen und dieser Brueghel-Welt, dieser Senkgrube der Schöpfung, dieser um ihre Achse rotierenden Folterkammer ein erlösendes Ende zu bereiten, so wie die aufgehende Sonne die Schrecknisse und Ängste der Nacht in Nichts zerstrahlt – denn generös war die Zerstörungswut des Menschen von Anbeginn, und er rast gegen alle Welt:

> Unter der Einwirkung dieses Bewußtseins ... gelangt der Mensch zu seinem höchsten Vorrecht: dem Vorrecht, zugrunde zu gehen. – Von Natur zu ihrem Ehrenkranken auserkoren, schwächt er ihre Kraft ... er zerstört sie ... Nur auf den Trümmern der Elemente vermochte er zur Vollendung zu gelangen – und den Abhang hinabzusteigen. Nun ist sein Werk vollbracht, er ist reif zum Verschwinden (ebd.: 117).

XIV

Das Untier ist in der Tat »ein Attentat [der Natur] auf sich selbst« (Cioran 1977: 65), doch es liegt jetzt allein in unserer Verantwortung, ob dieser Anschlag scheitert oder gelingt. Das aber ist der Punkt, selbst einem Cioran ins Wort zu fallen und seinem Irrtum abzuhelfen. Denn gerade weil sich die Welt als »ein Rezeptakulum der Seufzer« darstellt, gilt nicht:

> Ob man nun die Arme kreuzt oder das Schwert zieht, auf diesem Schlachthof ist beides gleichermaßen vergeblich (Cioran 1978: 51),

ist nicht Indifferenz und Tatenlosigkeit am Platze, sondern immer und immer nur das Schwert.

Wir, die wir nicht in molluskenhafter Dumpfheit dahinzuleiden verdammt sind, sondern mit unserem auch das globale Elend durchschauen, die wir – dem Fluch ewiger Fortzeugung entwachsen – über Mittel gebieten, Geschehenes ungeschehen, Daseiendes nichtexistent, Erinnerung subjekt- und damit gegenstandslos werden zu lassen, die wir in anthropofugaler Selbstbesinnung Auskunft über das Woher und das Wohin einzuholen vermögen, haben eine ganz andere, fundamentalere Wahl als die zwischen den Vergeblichkeiten Ciorans.

Unser militärtechnologischer Leistungsstand dürfte uns schon jetzt dank der angesammelten thermonuklearen Overkill-Kapazitäten, der biochemischen Einsatzreserven und bakteriologischen »Ausputzer« in den Stand versetzen, unsere Spezies bis auf das letzte Exemplar vom Angesicht der Erde zu vertilgen. Damit wäre ein evolutionärer Fehltritt korrigiert, das Prinzip der natürlichen Selektion als absoluter Souverän wiedereingesetzt und das Trojanische Pferd der Schöpfung, der menschliche Geist, in dem das Leiden zu dem es nochmals potenzierenden Bewußtsein seiner selbst gelangt, zerstört. Das Untier hätte in nachhaltigster Weise seine lange beklagte Absurdität ratifiziert und sich aus dem bloßen Konditional des »Ich hätte nie existieren dürfen« in das Perfektum des »Ich habe nie existiert« begeben.

Verflucht aber sei eine Menschheit, die derart Schindluder treibt mit ihren destruktiven Gaben und geizig haushält mit ihrer Nekrophilie! Ist es denn nicht die verwerflichste aller Taten, so man die Mittel besitzt, nur sich selbst die große Absolution zu erteilen, sich auszulöschen aus dem Register der Leidenden, den Brutschrank der Qualen aber intakt zu lassen für alle übrige Kreatur? Sind wir nicht alle Kinder jener ersten Zelle, der das Sterben mißlang? Sind wir nicht *ein* schmerzdurchglühtes, schüttelndes, quiekendes Fleisch, das um Erlösung wimmert? Sind denn das Reh, der Delphin, die Ameise, die Lilie weniger als wir, nur weil sie nicht zu sagen verstehen, was sie leiden? Können wir, die wir über Jahrtausende die Folterknechte und Konquistadoren dieses Planeten gestellt haben, die die Natur nur deshalb gewähren ließ, weil eine verbotene Hoffnung auf uns ruhte, uns am Ende unserer Tage dieser Hoffnung entziehen und angesichts unserer Dankesschuld einem Egoismus sondergleichen frönen, dem des selbstsüchtigen Verschwindens?

Möge uns die anthropofugale Vernunft vor diesem ungeheuerlichen Frevel gegen die Schöpfung bewahren! Nur noch wenige Jahrzehnte der Forschung und Erprobung sind vonnöten, um uns Waffen in die Hand zu geben, die die Erlösung allen Lebens, die globale Pasteurisierung von den Gipfeln der Berge bis in die Nacht der Tiefseegräben werden bewirken können. Nur noch eine Generation Geduld und Zurückhaltung, und die Apokalypse wird nicht mehr nur eine verräterisch private, sondern die aller Geschöpfe sein! Der Jüngste Tag des Organischen! Die Wiederkunft der unbefleckten Materie! Das Anbrechen des Himmelreichs auf Erden!

Und das Blitzen der Detonationen und der sich über die Kontinente fressende Brand wird sich spiegeln in den Augen des Letzten unserer Art und sein Antlitz erleuchten und verklären. Und alle Geschöpfe werden niedersinken in der Glut und dem Untier huldigen in der Stunde ihres Untergangs als dem Heilande, der sie erlöst hat zum ewigen Tode. Und dann wird dem Letzten das Sinn werden, was zuvor Absurdität war, und er wird die Hände aufheben über dem versengten Fleisch, es segnen und zu ihm sprechen: »Seid ge-

trost; die Last des Seins ist von euch genommen, und die Prüfung ist vorüber. Jedes von euch war nur der Alp eines Quarzkristalls. Wir, wir alle, sind nie gewesen!« Und er wird in Frieden sterben.

Das also ist die wirkliche Wahl, die wir zu treffen haben. Eine Wahl nicht zwischen ohnmächtiger Kontemplation und erfolglosem Aktionismus, sondern eine Entscheidung zwischen rücksichtslosem Gattungssuizid ohne Mitleid und Erbarmen für die hinterbliebenen Muscheln, Flechten, Fliegen und Ratten, einem Selbstmord, der uns allenfalls einen Zeitgewinn von wenigen Jahrzehnten einbringt, und einem verantwortungsvollen Annihilismus, der uns drei oder vier Schritte über das unmittelbare Gattungsziel hinaus zumutet – hinein in die Solidarität des von allem Lebendigen nachgesprochenen kategorischen *Nein*.

XX

Was schert die anthropofugale Vernunft der Geifer der Humanisten, die schon mit der Vergangenheit des Untiers nicht zu Rande kommen und nun gegen seine Zukunft mobil machen möchten. Wer achtet noch des Geplärres von Unmenschlichkeit, Barbarei im Geiste und Jugendverderbnis, das sich immer dann erhebt, wenn die Wahrheit über den Menschen zu Buche schlägt. Wer schenkte dem Sophismus Glauben, das anthropofugale Denken säe eben die Gewalt und den Terror, die es dann aufzuheben verspräche, rede die Apokalypse herbei, statt sie im Verein mit den Menschentümlern zu verhindern.

Nichts davon ist wahr. Das Leiden kann sich nur durch seine Totalisierung aufheben. Aber im Inferno, der Revokation der Schöpfung, transzendiert sich der kreatürliche Schmerz, hellt sich auf, durchheitert sich im Tier mit der Ahnung, im Menschen mit der Gewißheit, daß das Rad der Generationen, der Wiedergeburten in Qual nunmehr endlich zerbrochen ist, daß das Ungeborene fürderhin ungeboren bleibt, das Leben ungelebt, das Leiden undurchlitten. Wer wäre für solche Verheißung nicht mit seinem Leben zu zahlen bereit, das er eines Tages ohnehin und um keinen vergleichbaren Lohn wird hingeben müssen. Wem wäre nicht, als hörte er im Grollen der Detonationen, über dem Stöhnen, Röcheln und Winseln der Zerbombten schon die Engelschöre, die Lobpreisungen und Hymnen jener zahllosen Phantome von Nicht-mehr-zu-Gebärenden, von Ungezeugten, von Freigelassenen und der Folter Entsprungenen, denen durch sein Opfer die irdische Hölle erspart bleibt. Und wer von denen, die die Apokalypse mit ihren schwachen Kräften, in ihrem Stand und Beruf nach Kräften gefördert und verteidigt haben, spürte nicht im Augenblick des Untergangs, wie sich die Fratze des Untiers zu zersetzen beginnt und über der altbekannten Mörderphysiognomie die edle, die heilige Totenmaske des erlösten und erlösenden *Menschen* auskristallisiert.

Schwerer als alle humanistischen Anathemata und Redeverbote wiegt aber nun eine ganz anders motivierte Mahnung zur Zurückhaltung und zum Schweigen aus den eigenen Reihen. Könnte denn, so die Befürchtung, die unvermittelte Offenlegung und Propagierung dessen, was unzählige Generationen einander verheimlicht und mit Fleiß vor sich selbst, vor Kind und Enkel verborgen gehalten haben, nicht Konsequenzen zeitigen, die mit der ursprünglichen Absicht der anthropofugalen Aufklärung nicht in Einklang stehen, ja offen mit ihr kollidieren? Wäre es zum Beispiel nicht absehbar, daß die breite Masse aufgrund ihrer humanistischen Konditionierung das, was hier als zu bejahendes Ziel der Gattungsentwicklung geschildert wird, die universale Dispensierung vom Sein nämlich, trotz aller Erläuterungen und Richtigstellungen doch wieder nur als mit allen Mitteln abzuwehrende furchtbare Bedrohung gewärtigt, womit die philosophische Darstellung sich im Endeffekt gerade in einen Bremsklotz jener Entwicklung verkehrte, die sie durch ein beherztes Bekenntnis zu rechtfertigen und zu fördern gedachte? Noch anders gesagt: Steht die anthropofugale Reflexion, der der Humanismus vorwirft, sie rede das Unheil herbei, eben durch ihre freimütige Entdeckung der Wahrheit der Geschichte nicht ständig in der Gefahr, von eben diesem menschentümelnden Denken hinterrücks für seine honetten Zwecke vereinnahmt und als willkommenes Schreckensbild zum Mittel herabgewürdigt zu werden, um sich um die Apokalypse herumzureden, die Erlösung zu verteufeln und ein trostloses Leiden Generation um Generation fortzuschreiben? Wandelt sich das, was Verlöschen und Ende der Qualen verheißt, nicht, sobald es in Bibliotheken und Bücherregalen auftaucht, zum warnenden Menetekel und Aufbegehren gegen das scheinbar Unausweichliche, zum in die Paranoia getriebenen letzten Protest einer vor Angst verrückten Humanität, zu einem irrsinnigen Gnadengesuch des Lebens?

Wer die Rezeptionsgeschichte etwa Ciorans und Besprechungen seiner Werke kennt, der wird sich über die verläßlichen Automatismen humanistischer Entstellung und Umdeutung, über die professionelle Gründlichkeit jener Retuscheure des Kulturbetriebs keinen Illusionen hingeben, denen nichts Menschliches fremd ist und die mit humanophiler Kosmetik alles das zum Verschwinden bringen, was ihrem ideologischen Schönheitsideal widerspricht. Trotzdem aber besteht kein Grund zur Sorge, denn der neuzeitliche Kulturfetisch des »Humanen« ist wehrlos gegenüber der inneren Logik der Menschheitsentwicklung und in seiner beschriebenen Wirkung, jener halluzinierenden Realitätsuntüchtigkeit nämlich, nicht der Messias, sondern der Totengräber der Gattung. Man lasse sich nicht irremachen von der Tatsache, daß die erdrückende Mehrheit derer, die mit Manifestationen anthropofugalen Denkens in Kontakt kommen, es nicht an seinem eigentlichen Anspruch messen, sondern es zur im Geheimen noch selbst humanistisch legitimierten Karikatur oder Satire umdeuten. Schon d'Holbach hat den ideologischen Star der vielen deshalb in Rechnung gestellt und sich zur Exklusivität der Wahrheit bekannt:

> Wir wollen uns indessen nicht der Hoffnung hingeben, die Vernunft könne das Menschengeschlecht mit einem Male von den Irrtümern befreien, mit denen es zu vergiften sich so viele Ursachen vereinigt haben. Es wäre ganz unvernünftig, glauben zu wollen, man könnte in einem Augenblick die ansteckenden, erblichen, seit so vielen Jahrhunderten eingewurzelten Irrtümer beseitigen, die durch die Unwissenheit, die Leidenschaften, die Gewohnheiten, die Interessen, die Ängste, die immer wiederkehrenden Nöte der Völker immerfort genährt und bestärkt werden. ... Nehmen wir uns also nur vor, solchen Menschen die Vernunft zu zeigen, die imstande sind, sie zu verstehen; denen die Wahrheit zu erläutern, die imstande sind, ihren Glanz zu ertragen; diejenigen vom Irrtum zu befreien, die sich der Evidenz nicht widersetzen (d'Holbach 1978: 538f.).

Das anthropofugale Denken tritt also, was seine Breitenwirkung angeht, von vornherein gar nicht in Konkurrenz zum Humanismus, den es als funktionales Sedativ der letzten Aufrüstungsphase durchschaut und in seiner Unvermeidlichkeit akzeptiert. Es definiert sich zu keinen Zeitpunkt als mehrheitsfähige Doktrin, als säkulare Religion oder weltanschaulichen Sozialkitt, sondern jederzeit als Minoritätenperspektive, als Philosophie einer kleinen exilierten Fraktion von Nachdenkenden. Seine Wahrheit allerdings ist trotzdem seit mehr als zweieinhalb Jahrhunderten, seit der französischen Aufklärung nämlich, publik und damit jedem ohne Vorbedingung und Einschränkung zugänglich, der einem kindlichen Anthropozentrismus und humanistischer Eigenliebe entwachsen ist. Jedes Plädoyer für taktisches Schweigen oder gar ein Hoffen gegen besseres Wissen muß deshalb schon historisch als überholt und indiskutabel gelten – auch um den Preis, daß die menschenflüchtige Vernunft sich dort, wo sie redet, immer von neuem groben Mißverständnissen aussetzt.

Den irreversiblen Weltlauf beeinflussen und eines globalen Schicksals Herr werden, kann keine Philosophie – weder in der humanistischen Komplizen- noch in der anthropofugalen Zuschauerrolle. Also ist auch die – oben skizzierte – gleichsam kopfstehende Pragmatisierung der Gewißheit des nahen Endes zu hinhaltendem Widerstand mittel- und langfristig nicht zu befürchten.

Selbst gesetzt den Fall, das Undenkbare geschähe, und der horizontlose Humanismus nähme sich die Warnung, als die er das anthropofugale Paradigma mißversteht, zu Herzen und riefe alle, die guten Glaubens sind, auf zum Kreuzzug gegen Militarismus und Rüstungswahn – auf Dauer hätte alles das keine Wirkung, und schon gar nicht die, ein visionäres menschenflüchtiges Denken für eigene Zwecke vereinnahmen und dessen Erlösungssehnsucht zum Einschüchterungsinstrument für die Vertagung des Inferno mißbrauchen zu können. Die von Rudolf Bilz analysierte angeborene Automatik des »Verdrängungsschutzes«[12] nämlich neutralisiert jeden langdauernden eschatologischen Terror und verhindert damit die nachhaltige Aktivierung der Bevölkerungsmehrheit, auf der der Erfolg der Kampagne beruhte; vielmehr läßt sie die Verängstigten nach einer kurzen Stimulations- und Erregungsphase rasch wieder in den lethargischen Fatalismus, in jene bewußtlose Loyalität zurücksinken[13], die das globale Harmageddon nach wie vor garantiert.

[12] Bilz führt dazu in seiner paläoanthropologischen Studie *Wie frei ist der Mensch* aus: »Wir kennen heute eine fast lawinenartig anwachsende Endzeit-Literatur, zu der sogar namhafte Autoren ihren Beitrag gegeben haben, wenn man an Namen wie Samuel Beckett, Jean Cocteau oder Eugène Ionesco denkt. Ohne Frage ist die Vernichtung allen Lebens technisch möglich, das verschärft die Situation, aber man beobachte sich selbst, wenn man eins dieser Bücher gelesen oder einen der Endzeit-Filme gesehen hat: Man ist im Augenblick erschüttert, aber dann bewahrt uns der *Verdrängungsschutz* vor der Faszination. Am anderen Morgen ist das Grauen längst vergessen« (Bilz 1973: 272).

[13] Arthur Koestler gelangt in der Auseinandersetzung mit der Aggressionsthese der Psychoanalyse zu der Schlußfolgerung: »Unsere Spezies leidet nicht etwa an einem Übermaß an *Aggression*, sondern an einer übermäßigen Neigung zu fanatischer Hingabe. Schon ein flüchtiger Blick auf die Geschichte zeigt: Die Zahl der individuellen Morde, begangen aus selbstsüchtigen Motiven, spielt in der menschlichen Tragödie eine unbedeutende Rolle, verglichen mit der Zahl der Menschen, die aus *selbstloser* Loyalität gegenüber einem Stamm, einer Nation, einer Dynastie, einer Kirche oder einer politischen Ideologie hingemetzelt wurden – *ad majorem Dei gloriam*. ... Das vorherrschende Phänomen in der Geschichte ist Mord aus *selbstlosen* Beweggründen, unter Einsatz des eigenen Lebens« (Koestler 1978: 24f.).

In diesem Zusammenhang scheint es nicht ohne amüsante Pikanterie, daß wir ausgerechnet einem Erzhumanisten und aktiven Atomwaffengegner die minuziöse Darstellung jener psychischen Mechanismen verdanken, die das Untier trotz aller Warnungen der verhängnisvollen ultima ratio der Waffentechnologie in die Arme treiben werden und die damit auch die vom Verfasser – die Rede ist von Günther Anders – ständig herausgekehrte menschenfromme Sorge letztlich als verstockten Selbstbetrug[14] enthüllen.

Schon 1956 ist Anders in seiner Untersuchung über *Die Antiquiertheit dès Menschen* aufgegangen, daß wir zu »Herren der Apokalypse« geworden sind, die zwar nicht über die Schöpfungsallmacht der göttlichen creatio ex nihilo, aber immerhin über eine »*potestas annihilationis*, die reductio ad nihil« (Anders 1956: 239),

[14] Daß seine Haltung mehr als philosophisch unabgesichert und naiv, nämlich vorreflexiv-dogmatisch ist, hat Anders in *Der Mann auf der Brücke. Tagebuch aus Hiroshima und Nagasaki* selbst eingestanden; auf die Nachfrage eines Konferenzteilnehmers, wie er denn seine moralischen Postulate begründen wolle, antwortet er nämlich: »Gar nicht. Umgekehrt müssen wir das Problem der ›Sanktionierung‹ ... willentlich als ›tabu‹ draußen lassen. ... Denn wo Ertrinkende auf Rettung warten, ist es nicht erlaubt, auf der Brücke stehen zu bleiben, um die philosophische oder die theologische Frage zu diskutieren, aufgrund wovon wir dem Leben der zu Errettenden Wert beizumessen haben: Wir haben bewußt darauf zu verzichten, religionsphilosophisch bis zu den Wurzeln vorzustoßen. Tiefsinn verboten« (Anders 1967: 29). Humanismus als rettendes Denkverbot also, als ex cathedra verkündete Überlebensreligion samt anhangendem Unfehlbarkeitsanspruch – so offen und unverschämt hat kaum jemals ein »Humanist« die Wahrheit über sein Denken zu Protokoll gegeben, ohne nicht vorher an ihm irre geworden zu sein. Nicht so Anders, der gegen alle anthropofugalen Anfechtungen gefeit scheint und in verbohrter Fixierung auf das Schibboleth des Überlebens auch noch dessen seit Jahrhunderten abgetakelte Rechtfertigung, die Leibnizsche Theodizee, nachliefert: »Zweitens weiß ich, daß die Welt eine ingeniöse und unvergleichliche Erfindung ist, eine Einrichtung, die der Erhaltung wert ist. Und daß, in ihr dazusein, Spaß macht. Und daß ich die Menschen, die ebenfalls da sind, gern habe. Und daß mir der Gedanke, daß alles, was sie an Leiden und Freuden durchgemacht haben und durchmachen, vergeblich gewesen sein soll, und daß die Welt künftighin als verödeter Ball durch die Einöde des Weltalls kugeln solle, höchst unangenehm ist. Mir sogar die Kehle zuschnürt« (ebd.: 102) – eine »Beweisführung«, die Anders' offenbar aufgeklärteren Gesprächspartner fassungslos zurückfragen läßt: »Und Sie glauben, dieses Kehlenargument beweist, daß die Welt sein *soll*? Daß wir überleben sollen?« und ihn wenig später zum Abbruch des Dialogs zwingt.

also die Allgewalt des Vernichtens, verfügen. Allein, um diese neue Auszeichnung wissen wir nur gleichsam abstrakt, ohne sie aber wirklich aufgefaßt, realisiert und sie uns in ihrer ganzen Ungeheuerlichkeit vor Augen geführt zu haben (vgl. ebd.: 285f.). Anders fragt nun in humanistischer Verwirrung nach den Gründen für die ihm höchst inadäquat scheinende Reaktion auf die Installierung der militärischen Erduntergangsmaschinen, für jenen »Analphabetismus der Angst« (vgl. ebd.: 265), der das Fürchten verlernt hat und so weitermacht, als wäre nichts geschehen.

Das Ergebnis seiner Überlegungen legt er Jahre später in *Endzeit und Zeitende. Gedanken über die atomare Situation* vor. Was die erdrückende Mehrheit der Zeitgenossen auszeichne, führt er aus, sei nicht »Apokalypse-Blindheit«, sondern »Apokalypse-Indifferenz« (Anders 1972: 185), ein Zustand, der durch die »Überschwelligkeit« der Bedrohung ausgelöst werde, die »durch ihre Immensität die begrenzte Kapazität unserer Auffassung (der Wahrnehmung sowohl wie der Phantasie)« überfordere (ebd.: 184). Nach Anders ist unser emotionaler Wahrnehmungs- und Verarbeitungsapparat noch auf archaische Umweltreize programmiert, d.h. beweinen können wir einen Ermordeten, vorstellen können wir uns zur Not ein Dutzend, aber bei Tausenden oder gar Millionen von Leichen versagt die Vorstellungskraft, versiegt das Mitleid und Einfühlungsvermögen, »streikt die Seele« (Anders 1956: 269). Die Folge ist eine groteske Disproportion des modernen Massenvernichtungspotentials und unserer zurückgebliebenen psychischen Kapazitäten, ein Ungleichgewicht, das das Abfeuern einer Rakete, die eine Großstadt auslöscht, für uns emotional problemloser macht als das Schlachten eines Huhns.

Anders definiert die Situation mit Hilfe seines »Inversions-« oder »Harmlosigkeitsgesetzes«, das besagt:

> *Je größer der Effekt, desto kleiner die für dessen Verursachung erforderliche Bosheit.* Das Ausmaß der für eine Untat verlangten Gehässigkeit steht im umgekehrten Verhältnis zum Ausmaß der Tat (Anders 1972: 189).

Die Entfremdung zwischen Tat und Täter sei inzwischen soweit fortgeschritten, die Schere zwischen dem »Auslöser« eines Ereignisses und dem zunehmend schimärenhaften moralisch Verantwortlichen soweit geöffnet, daß ethisches Zurechnungsdenken als antiquiert, seine Invokation als peinlicher Fauxpas erscheine:

> Das Quantum an Haß und Bösartigkeit, das für die Abschlachtung eines einzigen Menschens durch den Mitmenschen erforderlich ist, erübrigt sich für den Angestellten am Schaltbrett. Knopf ist Knopf. Ob ich durch meine Schaltbrettbedienung eine Fruchteismaschine in Gang setze, ein Elektrizitätswerk anstelle, oder die Endkatastrophe auslöse – attitüdenmäßig macht das keinen Unterschied. In keinem dieser Fälle wird mir Gefühl oder Gesinnung irgendwelcher Art zugemutet. Als Knopfdrücker bin ich von Güte ebenso wie von Bosheit absolviert. ... Kein Hiroshimaflieger hat dasjenige Quantum an Bosheit aufzubringen nötig gehabt, dessen Kain bedurft hat, um seinen eigenen Bruder Abel erschlagen zu können. Und das für die Durchführung der letzten maßlosen Untat erforderliche Bosheitsquantum wird bereits gleich Null sein (ebd.: 189f.).

Die »Automatisierung« der Verantwortung durch Delegation an elektronische Entscheidungsträger, an maschinelle Befehlsempfänger und operative Systeme läßt folglich unmenschliche Taten zusehends zu »Taten ohne den Menschen« (ebd.: 200) werden, die dem ebenfalls von Anders aufgestellten »Oligarchiegesetz« – »je größer die Zahl der Opfer, desto kleiner die Zahl der für die Opferung erforderlichen Täter« (ebd.: 194) – gehorchen und schließlich als selbstgesteuerte und -regulierte Abläufe niemandem mehr moralisch imputierbar sind. Daraus folgt die für den Humanisten Anders skandalöse, für den anthropofugalen Denker tröstliche und erhebende Einsicht in ein gleichsam *vorprogrammiertes* Inferno, zu dessen Realisation es im Grunde keinerlei Kraftanstrengung mehr bedarf, während ein Abweichen von den eingespeicherten Abläufen, eine Umprogrammierung, wahrhaft übermenschliche kollektive Energien, eine Revolution unseres gesamten Denkens, Fühlens und Wertens erforderte und als entsprechend unwahrscheinlich gelten muß:

> Nicht anders als ein großer Teil heutiger Effekte wird auch die Endkatastrophe nicht nur keine Folge des Wollens sein, nicht nur keine Folge einer »Handlung«, nicht nur keine Folge einer »Arbeit«, sondern die Folge einer schlechthin beiläufigen, viel-

> leicht spaßmachenden Fingerbewegung. Nicht durch Zorn oder Verbissenheit wird unsere Welt untergehen, sondern ausgeknipst wird sie werden. Die Zahl derer, die in diesem Fall unbeteiligt bleiben, und die ... »mit unbefleckten Händen« dastehen werden, wird unvergleichlich viel größer sein als die Zahl derer, die sich früher in Kriegen, gleich in welchen, unbeteiligt und unbefleckt hatten halten können. *Wir leben im Massenzeitalter der unbefleckten Hände, die Inflation von Gutwilligen ist unabsehbar. In einer Sintflut von Unschuld werden wir ersaufen* (ebd.: 193; Unterstr. U. H.).

Angesichts der unerhörten Anstrengungen unserer Ahnen, die Mittel und Instrumente zu ersinnen, um uns selbst und unsere Umwelt dem Fluch zu entziehen, der uns an das Dasein kettet, angesichts der Tatsache, daß aufgrund des Fleißes und der Opferbereitschaft unzähliger Geschlechter die Eskalationsleiter, die aus der Senkgrube der Schöpfung in die Freiheit des Anorganischen führt, für die Letztgeborenen endlich zur Rolltreppe geworden ist, die sie dem Scheitelpunkt jetzt ohne eigenes Zutun entgegenträgt, muß uns der Aberwitz eines Anders beschämen, der – obgleich er den Mechanismus unseres Fortschritts durchschaut – nichts besseres zu tun weiß, als ihn zu verketzern, als sich umzuwenden und seine Mitreisenden dazu zu ermuntern, gegen die Bewegungsrichtung der Treppe die Stufen wieder hinabzusteigen.

Über eine Weile aber werden auch die Verstocktesten die Unsinnigkeit dieses Vorhabens einsehen, davon ablassen, gegen den Strom der Geschichte zu schwimmen, ihre Ohren gegen die rückwärts gewandte Botschaft des Humanismus verschließen und sich – wenn nicht mit anthropofugalem Frohlocken, so doch ohne Gegenwehr und Bestürzung – jenem sanften Transport in die Vernichtung überantworten, die aller Not ein Ende bereitet.

XXI

Die Geschichte des Untiers ist erfüllt, und in Demut harrt es des doppelten Todes – der physischen Vernichtung und des Auslöschens der Erinnerung an sich selbst.

Kein Überlebender wird sein Gedächtnis bewahren, keine Sage wird von den Prüfungen berichten, die es heimsuchten, die Qualen benennen, die es litt, um der großen, der universalen Erlösung willen.

Über dem nackten Fels seiner Heimat aber wird Frieden sein, und auf den Steinen liegt der weiße Staub des Organischen wie Reif.

Das Reißen und Schlingen, das Zermahlen und Ausbluten, das Stechen und Kröpfen, dieser ohne Unterlaß wütende Bürgerkrieg alles Lebendigen ist nie gewesen; und der Geist, der sich endlich aufgesetzt hat über den Hinterläufen und bei sich beschloß, daß es genug sei, ist zu seinem eigenen Hirngespinst geworden. In einem Feuerwerk ohnegleichen ist er untergegangen, und mit dem Aufsteigen der letzten Rakete sind die Spuren getilgt, die ein Einzeller in Äonen hinterließ und die das Antlitz der Erde furchten wie sonst nur Gletscher und Glaziale.

Den Nachruf setzt die anthropofugale Vernunft zu Lebzeiten auf, und billigerweise wird er seine Urheberin nicht überdauern. Doch die Materie ist großmütig und hat uns von Urbeginn ein Mahnmal an den Himmel gerückt, das uns fürderhin zugleich zum kosmischen Grabstein und Triumphbogen taugen soll: Nacht für Nacht steigt der Mond über den Horizont und stellt uns in schroffer und makelloser Schönheit die irdische Nachgeschichte paradiesisch vor Augen.

Ermannen wir uns!
Überführen wir sein transzendentales Ideal in die sublunare Wirklichkeit!
Vermonden wir unseren stoffwechselsiechen Planeten!

Denn nicht bevor sich die Sichel des Trabanten hienieden in tausend Kraterseen spiegelt, nicht bevor Vor- und Nachbild, Mond und Welt, ununterscheidbar geworden sind und Quarzkristalle über den Abgrund einander zublinzeln im Sternenlicht, nicht bevor die letzte Oase verödet, der letzte Seufzer verklungen, der letzte Keim verdorrt ist, wird wieder Eden sein auf Erden.

Verzeichnis der zitierten Literatur

Anders, Günther. *Die Antiquiertheit des Menschen.* München: Beck 1956.
ders. *Der Mann auf der Brücke. Tagebuch aus Hiroshima und Nagasaki.* München: Beck 1967.
ders. *Endzeit und Zeitende. Gedanken über die atomare Situation.* München: Beck 1972.
Barnet, Richard J. *Der amerikanische Rüstungswahn oder die Ökonomie des Todes.* Reinbek: Rowohlt 1971.
Bilz, Rudolf. *Wie frei ist der Mensch?* Frankfurt: Suhrkamp 1973.
Buchan, Alastair. *Der Krieg in unserer Zeit.* München: Beck 1968.
Capelle, Wilhelm (Hrsg.). *Die Vorsokratiker.* Stuttgart: Kröner 1968.
Cioran, E. M. *Geschichte und Utopie.* Stuttgart: Klett 1965.
ders. *Der Absturz in die Zeit.* Stuttgart: Klett 1972.
ders. *Vom Nachteil geboren zu sein.* Wien: Europaverlag 1977.
ders. *Lehre vom Zerfall.* Stuttgart: Klett-Cotta 1978.
Delfgaauw, Bernard. *Philosophie im 20. Jahrhundert.* Freiburg: Herder 1966.
Deschner, Karlheinz (Hrsg.). *Das Jahrhundert der Barbarei.* München: Desch 1966.
d'Holbach, Paul Thiry. *System der Natur.* Frankfurt: Suhrkamp 1978.
Dollinger, Hans. *Schwarzbuch der Weltgeschichte.* München: Südwest Verlag 1973.
Edda (hrsg. Felix Niedner). Jena: Diederichs 1920.
Einstein, Albert u. Sigmund Freud. »Why War? ›Open Letters‹ between Einstein and Freud«, *The New Commonwealth* 6 (1934).
Erasmus von Rotterdam. *Das Lob der Torheit.* Stuttgart: Reclam 1962.
Fair, Charles M. *Das fehlprogrammierte Gehirn.* München: Winkler 1969.
Foucault, Michel. *Die Ordnung der Dinge.* Frankfurt: Suhrkamp 1971.
ders. *Von der Subversion des Wissens.* München: Hanser 1974.
Freud, Sigmund. *Gesammelte Werke* (hrsg. Anna Freud). Frankfurt: Fischer 1969.
Friedensanalysen. Schwerpunkt Rüstung (hrsg. Hessische Stiftung Friedens- und Konfliktforschung). Frankfurt: Suhrkamp 1976.
Fromm, Erich. *Anatomie der menschlichen Destruktivität.* Stuttgart: Deutsche Verlags-Anstalt 1974.
Gehlen, Arnold. *Der Mensch.* Frankfurt: Athenäum 1971.
Grimal, Pierre (Hrsg.). *Mythen der Völker.* 3 Bde. Frankfurt: Fischer 1967.
Hartmann, Eduard von. *Philosophie des Unbewußten.* 2 Bde. Leipzig: Kröner 1913.
Heberer, Gerhard. *Moderne Anthropologie.* Reinbek: Rowohlt 1973.
Hegel, Georg Wilhelm Friedrich. *Phänomenologie des Geistes.* Hamburg: Meiner 1952.
ders. *Enzyklopädie der philosophischen Wissenschaften.* Hamburg: Meiner 1959.
ders. *Grundlinien der Philosophie des Rechts.* Frankfurt: Fischer 1968.
ders. *Vorlesungen über die Philosophie der Geschichte.* Frankfurt: Suhrkamp 1970.
Hobbes, Thomas. *Vom Menschen. Vom Bürger.* Hamburg: Meiner 1959.
Kahn, Herman. *Eskalation.* Frankfurt: Ullstein 1970.
Kant, Immanuel. *Zum ewigen Frieden.* Stuttgart: Reclam 1976.
Klages, Ludwig. *Der Geist als Widersacher der Seele.* Bonn: Bouvier 1972.
Kneutgen, Johannes: *Der Mensch – ein kriegerisches Tier.* Stuttgart: Kohlhammer 1970.
Koestler, Arthur. *Der Mensch. Irrläufer der Evolution.* München: Scherz 1978.

Krippendorff, Ekkehart (Hrsg.). *Friedensforschung.* Köln: Kiepenheuer & Witsch 1968.
Landmann, Michael. *Philosophische Anthropologie.* Berlin: de Gruyter 1968.
Lehmann, Johannes. *Die Kreuzfahrer. Abenteurer Gottes.* München: Bertelsmann 1976.
Leibniz, Gottfried Wilhelm. *Vernunftprinzipien der Natur und der Gnade. Monadologie.* Hamburg: Meiner 1959.
Lévi-Strauss, Claude. *Das wilde Denken.* Frankfurt: Suhrkamp 1973.
Leyhausen, Paul, et. al. *Krieg oder Frieden.* München: Piper 1970.
Löbsack, Theo. *Versuch und Irrtum. Der Mensch: Fehlschlag der Natur.* Gütersloh: Bertelsmann 1974.
Machiavelli, Niccolo. *Discorsi. Gedanken über Politik und Staatsführung.* Stuttgart: Kröner 1966.
ders. *Der Fürst.* Stuttgart: Reclam 1968.
Maldonado, Tomás. *Umwelt und Revolte.* Reinbek: Rowohlt 1972.
McNamara, Robert S. *Die Sicherheit des Westens.* München: Deutscher Taschenbuch Verlag 1970.
Maistre, Joseph de. *Abendstunden zu St. Petersburg.* Frankfurt: Andreä 1825.
Menninger, Karl. *Selbstzerstörung.* Frankfurt: Suhrkamp 1974.
Meslier, Jean. *Das Testament des Abbé Meslier* (hrsg. Günther Mensching). Frankfurt: Suhrkamp 1976.
Montaigne, Michel de. *Die Essais.* Stuttgart: Reclam 1969.
Nietzsche, Friedrich. *Werke.* 2 Bde. München: Hanser 1967.
Panitz, Heinz (Hrsg.). *Stoische Weisheit.* Münster: Aschendorff 1974.
Pernoud, Régine (Hrsg.). *Die Kreuzzüge in Augenzeugenberichten.* München: Deutscher Taschenbuch Verlag 1977.
Picco della Mirandola, Giovanni. *De dignitate hominis.* Bad Homburg: Gehlen 1968.
Platon. *Der Staat.* Hamburg: Meiner 1961.
Rüdiger, Horst. *Wesen und Wandlung des Humanismus.* Hildesheim: Olms 1966.
Runes, Dagobert D. *Illustrierte Geschichte der Philosophie.* Genf: Nagel 1962.
Schopenhauer, Arthur. *Welt und Mensch.* Stuttgart: Reclam 1966.
ders. *Aphorismen zur Lebensweisheit.* Stuttgart: Reclam 1968.
ders. *Werke* (Züricher Ausgabe). 10 Bde. Zürich: Diogenes 1977.
Seidler, Franz W. *Die Abrüstung.* München: Olzog 1974.
Stegmüller, Wolfgang. *Hauptströmungen der Gegenwartsphilosophie.* 2 Bde. Stuttgart: Kröner 1969.
Teilhard de Chardin, Pierre. *Mein Weltbild.* Olten: Walter 1976.
Voltaire. *Romane und Erzählungen.* München: Goldmann 1961.
ders. *Candide oder der Optimismus.* Frankfurt: Insel 1972.
Vorländer, Karl. *Geschichte der Philosophie mit Quellentexten.* 5 Bde. Reinbek: Rowohlt 1969.
Weizsäcker, Carl Friedrich von (Hrsg.). *Kriegsfolgen und Kriegsverhütung.* München: Hanser 1971.
Zentralvorstand der Gewerkschaft Wissenschaft (Hrsg.). *ABC-Waffen.* Berlin (DDR): 1972.